集成创新设计论丛

复杂：
设计的计算与
计 算 的 设 计

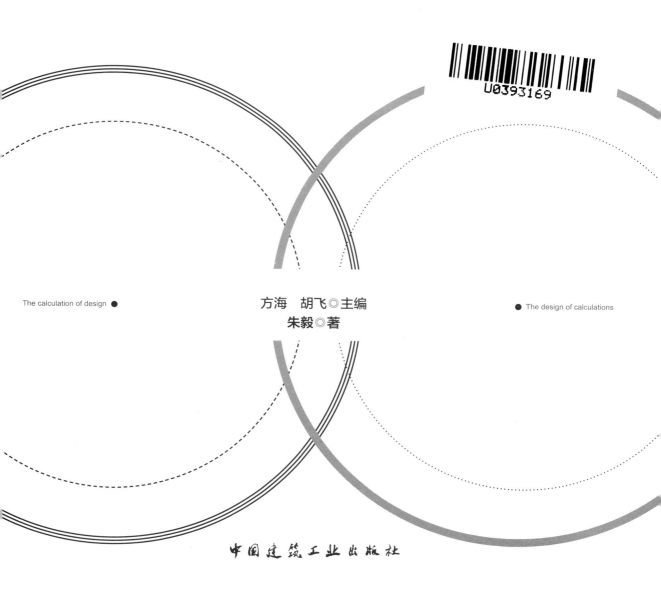

U0393169

The calculation of design ●

方海　胡飞◎主编

朱毅◎著

● The design of calculations

中国建筑工业出版社

图书在版编目（CIP）数据

复杂：设计的计算与计算的设计 / 朱毅著. —北京：中国建筑工业出版社，2016.12
（集成创新设计论丛 / 方海，胡飞主编）
ISBN 978-7-112-20189-1

Ⅰ. ① 复… Ⅱ. ① 朱… Ⅲ. ① 计算机辅助设计
Ⅳ. ① TP391.72

中国版本图书馆CIP数据核字（2016）第308469号

责任编辑：吴　绫　唐　旭　李东禧
责任校对：李欣慰　芦欣甜

集成创新设计论丛
复杂：设计的计算与计算的设计
方海　胡飞　主编
朱毅　著
＊
中国建筑工业出版社出版、发行（北京海淀三里河路9号）
各地新华书店、建筑书店经销
北京锋尚制版有限公司制版
北京中科印刷有限公司印刷
＊
开本：787×1092毫米　1/16　印张：10½　字数：215千字
2016年12月第一版　　2016年12月第一次印刷
定价：35.00元
ISBN 978-7-112-20189-1
（29687）

序　言

　　这是一个设计正在巨变的时代。工业设计正转向体验与服务设计，传达设计正转向信息与交互设计，文化创意驱动的艺术设计正转向大数据驱动的智能设计……与此同时，工匠精神、优秀传统文化正从被遗忘、被抢救转向前所未有的被追逐、被弘扬。

　　作为横贯学科的设计学，正兼收并蓄自然科学、社会科学和人文学科的良性基因，以领域独立性（Domain independent）和情境依赖性（Context dependent）为特有的思维方式，积极探讨设计对象、设计过程、设计结果中可靠、可信、可感、可用、可人、可意的可能性和可行性，形成有效、有益、有为的设计决策和原创成果，从而映射出从本体论、认识论到方法论、实践论的完整的设计学科形态。

　　广东工业大学是广东省七所高水平重点建设高校之一、首批入选教育部"全国创新创业典型经验高校"。作为全球设计、艺术与媒体院校联盟（CUMULUS）成员，广东工业大学艺术与设计学院秉承"艺术与设计融合科技与产业"的办学理念，重点面向国家战略性新兴产业和广东省传统优势产业，以集成创新为主线，经过20余年的发展与积累，逐渐形成"深度国际化、广泛跨学科、产学研协同"的教学体系和科研特色；同时，芬兰"文化成就奖"和"狮子团骑士勋章"获得者、芬兰"艺术家教授"领衔的广东省引进"工业设计集成创新科研团队"早已聚集，国家"千人计划"专家、教育部"长江学者"等正在引育，中国工业设计十佳教育工作者、中国设计业十大杰出青年也不断涌现，岭南设计人才高地正应变而生、隐约可见。

　　广东工业大学"集成创新设计论丛"第一辑收录了四本学术专著，即，钟周博士的《精准：感性工学下的包装设计》、甘为博士的《共振：社交网络与社交设计》、邹方镇博士的《耦合：汽车造型设计中的认知与计算》、朱毅博士的《复杂：设计的计算与计算的设计》。这批学术专著都是在作者博士论文的基础上经历了较长时间的修补、打磨、反思、沉淀，研究视角新颖，学科知识交叉，既有对设计实践活动的切身考察与理论透视，也有对设计学科新鲜话题的深入解析与积极回应。

　　"集成创新设计论丛"是广东省高水平大学重点建设高校的阶段性成果，展现出我院青年学人面向设计学科前沿问题的思考与探索。期待这套丛书的问世能衍生出更多对于设计研究的有益反思，以绵薄之力建设中国设计研究的学术阵地；希冀更多的设计院校师生从商业设计的热浪中抽身，转向并坚持设计学的理论研究；憧憬我国设计学界以激情与果敢，拥抱这个设计巨变的时代。

胡　飞

2016年12月

于东风东路729号

前　言

对于如设计这样的感性与理性交织的问题，人们普遍习惯于将它交付给经验领域——须由时间的日积月累，以及悉心地求索考证，方才能够寻得设计的道。这确实是成为一个优秀设计师的必经之路，但这是达成优秀设计的唯一之路吗？

当我在进行设计及其知识系统的研究时，这个问题经常出现在我的脑海里。或许是因为设计拥有巨大的感染力，是产品美感的集中体现，广告宣传还给大批量生产的设计披上标榜个性的华丽外衣，所以普通大众很少知道，工业设计师其实每天要面对的是模糊不清的设计需求，难以妥协的结构矛盾，一改再改的设计方案，以及设计灵感的枯竭。

设计，远不是它看上去的那般，仅仅是个美感问题；它也是非常重要的科学问题——复杂性问题。

设计师所要思考的，并不仅仅是将头脑中的"幻想"复现在纸面上，他更多的是围绕设计问题和一切可调用的资源，去不断寻求可能的解决方案，然后才是让方案变得"好看"。设计师可能更愿意把"设计"当作一个"问题"来看待，而不是一个"创作"。而设计过程是寻求"问题"的"解答"过程。这一点跟"计算"很像，所以，设计的计算是计算什么呢？更重要的，设计可以被计算吗？

今天，当看到人工智能在围棋比赛中已能够战胜最强大的人类对手；看到通过深度学习的人工智能可以画出人类才能画出的涂鸦——我们不禁会想要问，难道智能和美感也不过是一串串0和1的数字吗？被计算取代的设计会是什么样子？什么才是人需要去做的？

所有这些问题，都是我在本书中想要去说明与探讨的，我尽力以学术研究的方式去阐述与回答这些问题，限于个人能力，很难做到全面、充分，甚至在面对"设计"、"智能"和"复杂性"这样的概念时，都很难做到完全的客观，因为它们实在是非常的迷人！我认为由这些问题而延伸出来的各位读者自己的思考，才是更有价值的！

回顾出书的过程，有许多人让我难以忘怀，需要感谢。首先感谢我的导师赵江洪教授，感谢导师的悉心教导，让我得以领略设计的魅力，并从此爱上这门学问。

感谢湖南大学设计艺术学院的何人可、肖狄虎、杨雄勇、季铁等诸位老师的教育与培养，你们的教导让我体会到了设计的丰富多彩。特别感谢谭浩和谭征宇老师，是你们在生活和工作上的细心指导与帮助，使得本书能够顺利完成。

感谢王巍、陈宪涛、胡伟峰，你们的研究工作是本书的基础。还要感谢邹方镇、李然、欧静、马超民、王贞、梁峭、曾庆抒、景春晖、王中、周文治、甘为等实验室的兄弟姐妹，你们的工作使得本书逐渐丰满。尤其感谢张文泉和赵丹华，在你们的带领下，设计和研究工作得以齐头并进，成果累累。特别感谢谭正棠和胡婷婷，在我写书过程中，你们的聆听与反馈，让我获益良多，鼓励着我一路坚持下来。

非常感谢方海、胡飞两位教授的关怀指导和辛勤工作，对本书出版给予了最大支持！同样感谢广东工业大学艺术与设计学院为本书出版所做的工作！

还要感谢中国建筑工业出版社编辑的细心审稿与修订，有了你们的辛勤工作，本书才得以面世。

最后，深深的感谢献给我可爱、朴实的父母，是你们默默地支持、奉献、包容与关爱，让我能够度过种种艰难与考验。

朱毅

2016年12月

于广州

目 录

序言
前言

第 1 章   **1.1**   **引言** ································· 002

绪 论   **1.2**   **研究背景与文献综述** ················ 003

1.2.1   复杂性问题的研究 ················· 003

1.2.2   复杂系统的研究 ·················· 005

1.2.3   复杂性问题与设计的关系 ············· 008

1.2.4   智能化辅助的创新设计研究 ··············012

1.3   **选题背景** ····················· 016

1.3.1   本书研究的国家科研项目背景 ············016

1.3.2   本书研究的设计项目背景 ·············016

1.3.3   选题的理论意义与实践意义 ············017

1.4   **研究方法与组织思路** ··············· 017

1.4.1   研究方法 ·····················017

1.4.2   本书组织结构 ·················· 019

第 2 章   **2.1**   **设计复杂性的表现** ················ 024

设计的计算：   2.1.1   设计的信息传达 ·················· 025

设计复杂性   2.1.2   设计信息与设计意义 ··············· 026

及其表现   2.1.3   设计的复杂性问题 ················ 028

2.1.4   小结 ····················· 029

2.2   **设计复杂性的计算** ················ 030

2.2.1　设计问题的不可计算性 ……………………………… 030

2.2.2　可计算的设计 ……………………………………… 032

2.2.3　设计的适应性与进化 ………………………………… 039

2.2.4　小结 ………………………………………………… 042

　　　　本章论点小结 ……………………………………… 042

第 3 章

设计复杂性的来源

3.1　设计中的殊相与共相 ……………………………… 046

3.2　造型设计的殊相研究 ……………………………… 047

3.2.1　美学属性与造型空间 ………………………………… 048

3.2.2　美学属性的映射实验 ………………………………… 049

3.2.3　实验结果分析与结论 ………………………………… 052

3.3　造型设计的共相研究 ……………………………… 055

3.3.1　共相性与原型 ………………………………………… 055

3.3.2　共相认知与造型意象的区别 …………………………… 057

3.3.3　汽车造型共相认知实验 ……………………………… 058

　　　　本章论点小结 ……………………………………… 062

第 4 章

计算的设计：设计复杂性的求解逻辑

4.1　造型设计的网络特性 ……………………………… 066

4.1.1　目标抽象的困难与网络联系 …………………………… 066

4.1.2　造型设计网络度实验 ………………………………… 069

4.1.3　网络特性对设计求解的影响 …………………………… 072

4.2　造型对象的结构关系 ……………………………… 072

4.2.1　造型元素 ……………………………………………… 073

4.2.2　认知结构关系 ………………………………………… 076

4.3　造型设计的逻辑深度框架 ………………………… 083

4.3.1　逻辑深度的概念 ……………………………………… 083

4.3.2　逻辑深度框架 ………………………………………… 084

4.3.3　面向系统应用的求解框架 …………………………… 085

　　　　本章论点小结 ……………………………………… 088

第 5 章

设计复杂性
的价值判断
与可信评价

5.1　复杂性的价值 ……………………………………… 090
5.1.1　复杂性的价值意义 ……………………………… 090
5.1.2　复杂性的量度 …………………………………… 092
5.1.3　价值判断与适应性 ……………………………… 093

5.2　造型设计的价值判断与可信 …………………… 094
5.2.1　多向性求解的价值判断 ………………………… 095
5.2.2　可信对设计价值的选择 ………………………… 095
5.2.3　产业模式创新下的价值调整 …………………… 096

5.3　设计活动的可信问题 …………………………… 098
5.3.1　设计过程的可信 ………………………………… 099
5.3.2　设计对象的可信 ………………………………… 101
5.3.3　基于认知偏差的可信评价 ……………………… 102

5.4　造型复杂性的系统求解 ………………………… 105
5.4.1　系统求解的问题 ………………………………… 105
5.4.2　系统求解的框架 ………………………………… 107
　　　本章论点小结 …………………………………… 108

第 6 章

设计复杂性
的创新计算

6.1　概述 ……………………………………………… 112

6.2　面向对象的创新 ………………………………… 114
6.2.1　语义驱动的原型生成方法 ……………………… 115
6.2.2　系统的设计 ……………………………………… 121
6.2.3　小结 ……………………………………………… 131

6.3　面向过程的创新 ………………………………… 132
6.3.1　大规模定制的概念与深度 ……………………… 133
6.3.2　定制产品的特殊性 ……………………………… 134
6.3.3　定制平台的交互流程 …………………………… 135
6.3.4　定制平台的交互设计 …………………………… 136

6.3.5　小结 ┄┄┄┄┄┄┄┄┄┄┄┄┄┄┄┄┄┄┄┄138

本章论点小结 ┄┄┄┄┄┄┄┄┄┄┄┄┄┄┄┄┄139

第7章　结　论┄┄┄┄┄┄┄┄┄┄┄┄┄┄┄┄┄┄141

参考文献┄┄┄┄┄┄┄┄┄┄┄┄┄┄┄┄┄┄┄┄┄ 148

第 1 章

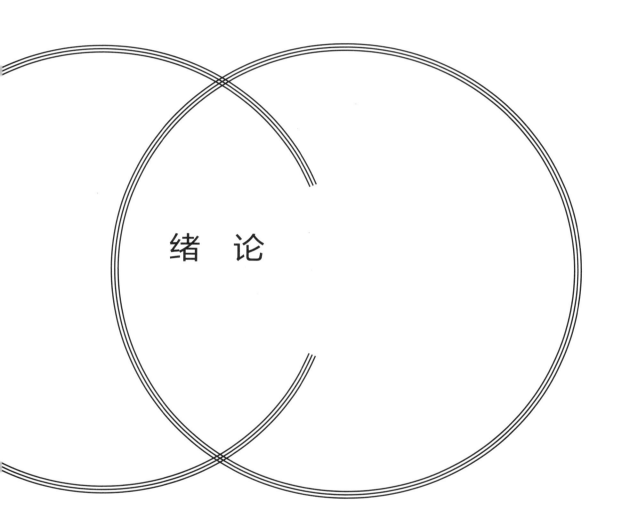

绪　论

1.1 引言

正如设计这门学科本身一样，如何理解和研究设计是一个真实存在也饱受争议的话题。一方面，有人认为设计在本质上应该是简单的，是人们的不同见解和研究把设计搞复杂了；另一方面，也有人认为设计在本质上就是极其复杂的，只有不断深入研究才能获得真正的认识，得到"简单"的道理。然而更有人认为，其实简单与复杂是有机联系的链条，是简单产生复杂。

设计同时具有艺术与科学的属性，既包含着理性的对象分析，又无法避开感性的认知评判。设计更是一种价值观表现的载体，必然存在着价值判断的问题，只是这种判断不一定只限于好与坏、是与非，或是简单与复杂的二元判断。设计研究（design research）需要回答设计的本质属性问题，从一般化的抽象高度来认识设计，建立理论模型，改进设计的方法与工具。因此，本书是从以下几个方面来分析设计——复杂性问题，即如何认识，如何分析，如何度量，以及如何应用设计的问题。

如果说设计与逻辑相关，应该没有人会怀疑，设计必然是某种逻辑推演的结果；而如果说设计是直觉和偶然的，应该也有人会赞同，设计是关乎可能性的一种实践反映[1]的结果，它必然存在于灵感涌现的瞬间。这反映出设计本质的一种复杂属性，而对设计的这种复杂性理解得越多，就越有可能接近其本质，而这种理解将有希望决定设计的核心价值、存在方式、创新模式以及未来的方向。

---

① 唐纳德·A·舍恩. 反映的实践者：专业工作者如何在行动中思考. 夏林清. 北京：教育科学出版社，2007，1（1）：63–87.

1.2　研究背景与文献综述

　　本书以造型设计为主要研究对象，探究设计背后的逻辑结构与价值规律，并且以计算机辅助造型设计为研究的应用目标。研究思路上，本书从复杂性问题的角度切入设计研究，尝试将设计信息从产品的物质层面抽离出来，以解释造型设计所要传达的内容与传播机制，并结合复杂性研究的思想尝试给出造型设计的表达框架，为实现创新设计的计算机智能辅助提供基础。研究涉及复杂性理论、设计艺术学、认知心理学、计算机辅助设计等领域，也是设计学、人机交互、计算机科学等学科的交叉，文献综述首先探讨什么是复杂性问题，以及在广义的背景下造型设计与复杂性的关系，而后将详细分析造型设计的复杂性，及其造型表达的框架模型。

1.2.1　复杂性问题的研究

　　物理学家帕各斯（Heinz Pagels）在《理性之梦》（The Dreams of Reason）中说："科学已经探索了微观和宏观世界；我们对所处的方位已经有了很好的认识，亟待探索的前沿领域就是复杂性。"[①]

　　复杂性（complexity），是20世纪后半叶首先在科学与工程领域中出现并在各个学科中迅速发展的概念。史蒂芬·霍金就曾预言"21世纪将是复杂性的世纪"。然而时至今日，对于"复杂性"这样一个直观概念要给出一个公认的科学定义，仍然是相当困难的。2001年，物理学家劳埃德（Seth Lloyd）就列出了40多种度量复杂性的方法[②]，分别是从动力学、热力学、信息论和计算机等学科角度来考虑的。之所以出现这种情况，是因为复杂性在不同领域有着不同的表现形式，背后反映的可能是不一样的价值和意义。在物理学领域，复杂性比较直观的例子是对混沌系统的研究，即系统对初始条件的敏感性使得即使是初始条件极其微小的偏差，也会导致对系统行为的长期预测出现巨大的误差，典型的领域就是天气预报[③]；而在生物学领域，复杂性问题主要关注群体聚集构成一个整体时所反映出的适应性，即所谓的"集体智能（collective intelligence）"以及"超生物（superorganism）"等概念[④]；而在认知学和神经科学中，则关心人脑中简单的神经细胞构成的神经网络，是如何产生出复杂的情感、行为

① Pagels, H. The Dreams of Reason. New York: Simon & Schuster, 1988, 12.
② Lloyd S. Measures of complexity: a nonexhaustive list[J]. IEEE Control Systems Magazine, 2001, 21（4）: 7-8.
③ Lorenz E N. Deterministic nonperiodic flow[J]. Journal of the atmospheric sciences, 1963, 20（2）: 130-141.
④ Hölldobler B. The ants[M]. Harvard University Press, 1990, 107.

与智力的；经济学领域则研究市场的微观行为是如何影响宏观趋势的，以及如何模拟、预测与操控市场的全局行为模式；而20世纪90年代网络和信息技术的发展则更加开拓了人们的思维，万维网的结构、增长方式以及信息的传递形式等，似乎形成了一种协同演化的关系，网络作为一个整体表现出复杂的"适应"行为。

在众多复杂性研究中，比较广为人知的是美国圣塔菲研究所（Santa Fe Institute，简称SFI）的研究工作。1984年作为"致力于研究各种高度复杂和相互作用的系统"的圣塔菲研究所，在美国新墨西哥州成立，其研究的主要内容就是探索"科学中涌现的综合"[①]，即认为复杂事物是从小而简单的事物中发展而来的，简单的规则会导致复杂性的涌现，其本质就是"由小生大，由简入繁"[②]。研究所的创建者之一，同时也是诺贝尔奖得主的物理学家盖尔曼指出："我们工作的最令人激动之处就在于，它阐明（illuminate）了简单与复杂是相联系的链条。一端连接着简单的、内在（underlying）的规律，它们统治着宇宙所有物质的行为；另一端连接着周围的复杂构造（complex fabric），展现为多样性、个体性和进化。简单性与复杂性的相互影响（interplay）是我们论题的中心。"[③]这也是本书关注的复杂性问题的主要方面，即简单产生复杂。

复杂一词源自拉丁词根plectere，意为编织、缠绕[④]，它同时也是英语中simple（简单）和symplectic（耦对的）的来源，因此盖尔曼建议以"plek"作为"简单与复杂的共同基础"，形成"plectics"的新表述，以说明复杂性研究是探寻简单与复杂之间的关系，尤其是探寻具有复杂结构的事物行为背后的简单原理的含义，他认为复杂性研究应避免走入简单性与复杂性的极端，而是应采用跨学科的"整体的、不带偏向的观点（Crude Look at the Whole）"来看待复杂性[⑤]。

综上可见，复杂性研究的范围相当广泛，传统的"复杂性科学"主要集中在：现代系统科学中的耗散结构理论、协同学、超循环理论、拓扑学中的突变论、复杂巨系统理论；非线性科学中的混沌理论、分形理论、复杂适应系统理论等；以及计算机领域的进化编程、遗传算法、人工生命、元胞自动机等，这可以视作复杂性研究的内核。而近年复杂性的概念与思想在物理学、生命科学、经济学以及人文社科等领域的应用与研究是复杂性科学的外围与前沿[⑥]。美国匹兹堡大学的雷谢尔教授（N. Rescher）从

---

① Pines D. Emerging syntheses in science. Reading, MA: Addison-Wesley, 1988, 235-237.

② 约翰·霍兰. 涌现：从混沌到有序[M]. 陈禹. 上海：上海科学技术出版社，2001. 3.

③ Murray Gell-Mann. Let's Call it Plectics[J]. Complexity. 1995, 1（5）：96.

④ 梅拉妮·米歇尔. 复杂[M]. 唐璐译. 长沙：湖南科学技术出版社，2011, 06（1）：5.

⑤ 刘劲杨. 复杂性是什么？——复杂性的词源学考量及其哲学追问[J]. 科学技术与辩证法，2006, 22（6）：40-44.

⑥ 吴彤. 复杂性、科学与后现代思潮[J]. 内蒙古大学学报，2003,（4）：8-12.

哲学认知的角度，将复杂性研究的内容进行了分类（表1-1）[1]：

复杂性概念分类　　　　　　　　　　表1-1

认识论模型 Epistemic Modes	公理复杂性 Formulaic Complexity	描述复杂性　Descriptive Complexity
		生成复杂性　Generative Complexity
		计算复杂性　Computational Complexity
本体论模型 Ontological Modes	组合复杂性 Compositional Complexity	构成复杂性　Constitutional Complexity
		类别/异质复杂性　Taxonomical/Heterogeneity Complexity
	结构复杂性 Structural Complexity	组织复杂性　Organizational Complexity
		层级复杂性　Hierarchical Complexity
	功能复杂性 Functional Complexity	操作复杂性　Operational Complexity
		规则复杂性　Nomic Complexity

　　从雷谢尔的分类也说明复杂性的问题包含许多方面，难以用一个单独的概念对其进行统一。因此，有部分人认为复杂性研究的界限不分明，没有形成相对封闭的逻辑体系，不满足模型化与可检验、可预测的科学要求，因而不能算是严谨的"科学"。然而按照德国的科学概念认为，"科学就是指一切体系化的知识。人们对事物进行系统的研究后形成了比较完整的知识体系，不管它是否体现出像自然科学那样的规律性，都应该属于科学的范畴。"[2]据此，复杂性研究就可以是一切有关复杂性的体系化知识的集合，而其界限的模糊是一个正在发展的研究领域所表现出的开放性，并且这种开放性对复杂性研究的发展至关重要。

　　本书将造型设计问题视作复杂性问题的一种，也是设计研究中具有开放性和前沿性的问题之一。

1.2.2　复杂系统的研究

　　复杂性研究的主要对象就是自然环境以及人文环境下的复杂系统（complex system）。根据领域的不同，复杂系统也是千差万别，如蚁群、人脑、动力系统、混沌系统、金融市场、网络等。西利亚斯（Paul Cilliers）曾对复杂系统做过区分：

① Rescher N. Complexity：A philosophical overview[M]. Transaction Publishers, 1998. 9.
② 吴鹏森，房列曙. 人文社会科学基础[M]. 上海：上海人民出版社，2000，1.

"如果一个系统能够在个体组分（组成成分）层面上给出系统的完整描述，即便这个系统可能由巨量的组分构成，这个系统也只是complicated（复合），如庞大的喷气式客机或计算机。而在一个complex（复杂）系统中，系统及其组分间的相互作用使系统具有了这样一种性质，系统作为整体无法被简单地靠分析其组分来获得理解。并且，这些（组分间的）联系并不固定，而是流转变化的，并常常是作为自组织活动的结果而存在，这会产生新的特性，通常被称为涌现性。大脑、自然语言和社会系统都是complex系统。"①

从西利亚斯的区分中可以看出复杂系统的特点。尽管复合系统（complicated system）也拥有巨量的组分，并执行复杂的任务（sophisticated task），但它是可以被精确分析的，其在时间上不具有演化性，是"死的"系统；而复杂系统（complex system）是"活的"，其内部组分间交织着复杂的（intricate）非线性作用和反馈回路（feedback loop），对系统的每次分析只能揭示其某些特征（certain aspect），而更为重要的是，这些分析还会导致曲解与失真（distortion）。西利亚斯分析了（analytical）复杂系统的十大特征②，可以简化为以下6个方面：

（1）组分元素巨大；

（2）组分间存在复杂而广泛的连接、作用和反馈；

（3）开放性（与环境作用）；

（4）远离平衡（存在持续的能量流以维持系统）；

（5）历史（生成）性（现在的行为受过去状态的影响）；

（6）信息不对称性（组分个体无法得知个体行为对整体的影响）。

西利亚斯的区分不是严格限定性的，更多的是从内在关系指出了复杂系统的一般特点，要全面描述和限定复杂系统是很困难的。国内学者就"复杂"二字的语义与分形关系对复杂系统进行了分析。苗东升③教授认为"复"义指多样、重复、反复，层次嵌套的自相似结构；而"杂"蕴含多样、破碎、纷乱，形成不规则的、无序的结构。因而系统可以分成5种情况：无"复"者、"复而不杂"者、不"杂"者、"杂而不复"者和"既复且杂"者。其中只有"既复且杂"者才是完全的复杂系统。因为，"复"意味着规律性（构造），"杂"则为非规律性（构造）。"既复且杂"所指的系统既具有人们所能识别的规律性（重复性），又不能完全归于某种规律，也不能完全陷入无规律之中，因而具有复杂性。这也即盖尔曼所说的处于有序与无序（随机）的"中间地带"

① Cilliers P. Complexity and postmodernism: Understanding complex systems[M]. Psychology Press, 1998.ix.
② Cilliers P. Complexity and postmodernism: Understanding complex systems[M]. Psychology Press, 1998. 14—16.
③ 苗东升. 分形与复杂性[J]. 系统辩证学学报, 2003,（2）: 7-13.

才是有效的复杂性①。

　　复杂系统多种多样，但从系统内部的组分关系来说，它必然是介于有序与随机之间，而系统整体的行为与活力则是从这种"交织、缠绕"的关系中"涌现"出来的。本书研究所关注的系统是其中的复杂自适应系统。

　　所谓复杂自适应系统，即在各种简单元素编织缠绕而成的系统中，能够涌现出"意识"、"智能"和"适应性"的系统。而对其的研究试图解释，在不存在中央控制的情况下，大量简单个体如何自行组织成能够产生模式、处理信息甚至能够进化和学习的整体。设计，可以认为就是一个复杂自适应系统。

　　这类系统在生物界中不鲜见，蚁群和蜂群就是典型的例子。单只蚂蚁的智力、感官和行为模式都相当有限——寻找食物，对其他蚂蚁释放的化学信号作出简单反应等。然而整个蚁群所形成的结构与行为模式却复杂得惊人，甚至表现出相当程度的智能，它们会集体觅食、筑巢，还能相互协作完成一些复杂任务。有过观察经验的人会发现，蚁群在进行这些协作活动时，并没有一个独立的"中央指挥者"或管理团队，即并不存在中央控制来对复杂行为负责。蜂群的情况也与此类似，而在人类社会中，经济系统、互联网络也具有这类相似的特点，即不存在中央控制，系统内的简单行为产生出系统整体的复杂模式。尽管形式不同，复杂自适应系统具有一些普遍共性，表现在：

　　（1）集体行为；

　　（2）信号和信息处理；

　　（3）适应性②。

　　集体行为指的是组成系统的个体一般遵循相对简单的行为规则，没有中央控制或领导者，整体系统的行为不断变化、难以预测，其行为模式正是由大量个体的集体行为产生的；信号和信息处理则是指系统会利用来自内部和外部环境中的信息与信号，并产生自己的信息和信号；适应性是说系统能够通过类似学习和进化的过程，来改变自身的行为以增加生存或成功的概率，从而适应环境。

　　因此，复杂自适应系统一般定义为：由大量组分组成的网络，不存在中央控制，通过简单运作规则产生出复杂的集体行为和复杂的信息处理，并通过学习和进化产生适应性。系统有组织的行为不来源于系统内部和外部的控制者的情况，也称之为自组织（self-organizing）；而通过简单规则以难以预测的方式产生系统复杂的宏观行为，则被称为涌现（emergent）。所以这类系统的一个简单定义是：具有涌现和自组织行为的系统。而系统研究的核心问题则是：涌现和自组织行为是如何产生的。从这个意义上来说，设计的多样性与创造性是如何产生的，则是设计复杂性系统研究的关键。

---

① Murray Gell-Mann. What is complexity? from John Wiley and Sons, Inc.: Complexity, Vol.1, No.1, 1995.

② 梅拉妮·米歇尔. 复杂[M]. 唐璐译. 长沙：湖南科学技术出版社，2011，06（1），13-14.

对于这个问题，目前还没有完整的解答。然而，复杂系统的研究给许多领域的研究带来了新的思维与认识，其中一个重要启示就是，作为系统整体的智能（或意识）或许来源于简单个体之间的信息交流与行为反馈；并且由于简单个体的可控性，通过计算来重建这种复杂系统，从而得到智能是有可能的。遗传算法、元胞自动机等便是这类思想下的成果。而沃尔夫勒姆[①]及其团队对由3个一维原胞自动机组成的简单系统的研究发现，其中的一种状态组合系统形成了最简单的通用计算机[②]，因此研究者相信通用计算能力在自然界中广泛存在，而密歇根大学计算机系则将"自然系统中的计算"列为核心课程。

复杂系统在自然界中的广泛存在，远超过此前人们的预期，这说明大量看似无关、随机的自然现象背后，确实有一只"看不见的手"在起作用，这股力量表现出的规律性，让人确信它的存在并相信其能够被研究；然而它于微小的联系之中产生并且行为飘忽不定，又让人琢磨不透，而显得神秘。尽管严格上来说，目前还没有完整的复杂性理论，这是因为复杂性问题涉及的学科范围相当广泛，还不足已产生完善的理论，但就自然界中复杂性问题的研究，在信息、计算机、生命科学、网络等领域还是取得了丰富的成果。复杂性研究的价值在于它提出了一种新的科学思想，目的是研究和解决在还原论指导下难以解释的科学问题，即接近人类尺度的、多学科交叉的复杂现象：天气的预测、生物的适应性、经济、政治、文化行为和人工智能等。

本书的研究就是希望通过复杂性研究的全新视角，分析造型设计活动本身的逻辑结构和内在价值规律，以期找到理解造型设计与计算机辅助造型设计的新方法和新思路。

1.2.3 复杂性问题与设计的关系

那么，复杂性研究与设计研究有什么联系呢？在设计活动中，设计所反映出来的复杂性，可以说是人类智力与情感融合的最佳体现。设计是一种以人的智识和审美情感参与的，逻辑推演的活动。设计中由智识产生的创造性可以蕴含于造型元素所组成的复杂系统之中，并通过造型对象的宏观行为表现出来。进一步来看，设计师（或计算机）对造型元素的加工，产生了设计系统整体层面的复杂性，表现为设计的多样性和创造性。

对于设计（design），在《牛津英文词典》中将其定义为：

To form a plan or scheme of, to arrange or conceive in the mind⋯for later

---

① Wolfram, S.A New Kind of Science. Champaign, IL. Wolfram Media, 2002, 235.
② Cook, M. Universality in elementary cellular automata. Complex Systems, 2004, 15
（1）: 1-40.

execution.

　　这是对设计的动词性做出的解释，"形成计划或模式"，"运用思维整理或考量"。这一定义说明，一个设计（名词）是一种被创造出来的事物，先于客观事物而出现，是一种观念的产物，与之伴随的是一个设计过程，这一过程即通常所说的设计。

　　设计是创作新事物的过程，其中"设计概念"是设计思维的抽象表达。英国作家、戏剧家Dorothy Sayers①在其著作《The Mind of the Maker》中将创作的过程分为三个阶段，称为构想（idea）、实现（implementation）与交互（interaction）。在完整的设计（创作）过程中，不仅原初的设计构想是独一无二的思维组织的产物，与设计结果的交互过程也存在着独特的认知理解，直到大众完成对设计的解读，形成普遍的设计概念，都包含着思维的不断演化与推进。举例来说，造型设计师用铅笔和纸实现了他的设计概念，而工程师则通过与设计师的交互、理解并形成了自己的认识，又通过工程手段完成其结构的实现，最终通过用户的消费与使用（交互）而完成整个过程。而"设计概念"作为一个广泛使用的词，已超脱设计对象本身，成为一种抽象意义的所指②。它通常代表着设计中的创新内涵，人们在设计过程的交流中经常会用到这个词，不论是设计师、工程师、决策者还是用户都热衷于探讨"设计概念"，这个现象由雷丁大学的雷切尔·勒克（Rachael Luck）在2008年的第7届设计思想研讨会上提出。人们乐于使用它，似乎参与交流的人都明白它的意义，时常会看到讨论者对着设计图边解释边做出一些手势，但并不是指向画面的某一部分或其中的某一特定事物，实际上"设计概念"成为设计交流中参与者共享的一个不可见的观念实体，它所表征的是整个设计理念的完整性。这一完整性的保证正是基于设计参与方协同一致的努力，从构想到实现再到交互，当"设计概念"在这一过程中得到很好的表达与交流，设计的完整性就比较容易保证，设计也容易获得成功，然而实际情况却并不容易做到这一点。以造型设计而言，设计概念的完整性或称为设计概念的一致性就是一个复杂问题。

　　传统上，设计认知与方法的研究多集中在领域内部的实践研究，而从乌尔姆学院的研究开始，大量跨学科的学者开始进行设计方法论的探讨，"模糊理论"的设计研究也开始出现。日本千叶大学的森典彦教授也从感性工学的角度，就汽车造型的概念开发、数理化等概念做了深入探讨③。这其中的重心还在于如何理解设计活动，以及设计的表达上。

――――――――――――

① Dorothy L. Sayers, The Mind of the Maker. New York：HarperCollins press，1987，33-47.
② Luck R.'Does this compromise your design?'Interactionally producing a design concept in talk[J]. CoDesign，2009，5（1）：21-34.
③ 森典彦. "デザインの工学的方法." 设计工学 33.6（1998）：191-196.

　　造型设计的全过程包含大量复杂的认知活动。设计师在设计意图的驱动下，运用思维的力量对一些抽象概念、符号、形态或形式进行认知加工，最终转换成外在造物；而用户在与设计产品的体验交互中，以自身的认知方式"还原"设计意图，完成设计的认知解释。克罗斯（Cross）等人的研究表明[1][2][3]，设计认知（design cognition）与其他学科的认知活动存在很大的不同，它关注设计活动中不同角色的心智反映，试图解释设计知识的运作机制，并尝试通过计算机来模拟与再现设计的思维认知过程，形成了包括设计科学、认知科学与计算机科学等多学科交叉的特殊研究领域，这也表明了设计复杂性的一面。

　　设计认知研究主要分为两个方面，一是侧重于科学化、系统化地描述与反映设计认知的过程；其二是针对设计问题，研究设计参与者的心智活动与设计策略。在设计认知研究的早期，受计算机科学的影响，学者们主要关注的是科学地反映设计过程。琼斯（Jones）依据设计实践的经验性，提出了"分析—综合—评价"的循环过程模型[4]；阿彻（Archer）发展了这种认识，将设计过程分为互相关联的行为簇（group of actions），某一时刻的行为状态取决于其前一行为状态的变化，行为间的因果联系推动设计过程的进行[5]；蔡斯尔（Zeisel）则将线性的过程认识，扩展为螺旋形的循环反馈，并将认知的心智活动区分为想象（image）、外显（present）和检验（test）三个基本单元，加入到模型之中（图1-1）。

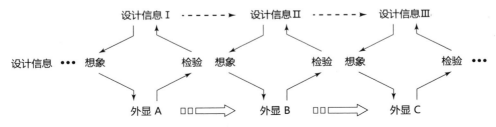

图1-1　设计认知过程模型

① Cross N. Design cognition: results from protocol and other empirical studies of design activity[M]. Eastman E, McCracken M, Newstetter W. Design knowing and learning: cognition in design education. Amsterdam: Elsevier, 2001, 79-103.

② Cross N. Editorial: forty years of design research [J]. Design Studies, 2007, 28（1）: 1-4.

③ Gardner H. The mind's new science: a history of the cognitive revolution [M]. New York: Basic Books, 1985.

④ Jones J C. A method of systematic design[C]. Jones J C, Thornley D G. Conference on Design Methods. Oxford: Pergamon Press, 1963: 53-73.

⑤ Archer B. An overview of the structure of the design process[M]. Moore G T. Emerging methods in environmental design and planning. Cambridge, MA: MIT Press, 1970, 285-307.

　　对设计认知过程的系统化，有效地推进了人们对设计活动的认识，对设计管理和教育也起到了积极作用。然而，严格的过程抽象对设计实践的指导作用却十分有限，研究者发现设计问题的解决主要还是依赖于人的思维能动性、设计策略与信息交流，也可以说是依赖于复杂系统的所谓"涌现"现象。设计活动的灵活性和随机性要远远大于它的理性组织结构，因此，在20世纪70年代后，设计认知研究的重点开始转向设计问题解决的心智活动与策略机制。通过对建筑设计实验的研究，克鲁格（Kruger）提出了问题驱动（problem driven）与方案驱动（solution driven）的两种设计策略[1]，并认为方案驱动是设计师偏好的策略。一般认为设计活动是一个典型的基于案例的类比推理过程，其中基于案例的推理（CBR）与基于案例的设计（CBD）作为问题求解的关键方法，是创新设计领域的研究热点之一[2]。马希尔（Maher）等人[3][4]则在设计问题求解研究的基础上提出，设计过程是一个问题空间与解空间相互驱动，反复迭代，逐步求精的过程（图1-2），多斯特（Dorst）和克罗斯也提出了类似的认识[5][6]。

　　问题驱动与方案驱动尽管出发点不一样，但本质上并没有认知冲突，也不存在优劣之分，其根本上反映的是设计策略中逻辑思维与感性思维的不同[7]。这也是设计复杂性问题的一方面。

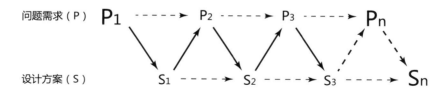

图1-2　问题和解共同进化的设计认知模型

① Kruger C. Solution driven versus problem driven design: strategies and outcomes[J]. Design Studies, 2006, 127（5）: 527-548.
② 谭浩，赵江洪，王巍等. 基于案例的工业设计情境模型及其应用. 机械工程学报, 2006, 42（12）: 151-157.
③ Maher M L. A model of co-evolutionary design[J]. Engineering with Computers, 2000, 16（3/4）: 195-208.
④ Maher M L, Tang H H. Co-evolution as a computational and cognitive model of design[J]. Research in Engineering Design, 2003, 14（1）: 47-63.
⑤ Dorst K, Cross N. Creativity in the design process: co-evolution of problem and solution[J]. Design Studies, 2001, 122（5）: 425-437.
⑥ Cross N. Expertise in design: an overview[J]. Design Studies, 2004, 125（5）: 427-441.
⑦ 刘征，孙守迁. 产品设计认知策略决定性因素及其在设计活动中的应用[J]. 中国机械工程, 2007, 18（23）: 2813-2817.

因此，造型设计的复杂性问题反应在：设计是一个多因素作用的设计活动的网络，不存在完整和完全理性的中央控制；设计通过一定运作规则产生出多样的行为和大量的信息，而设计活动内部的信息交流频繁、广泛且不对称；设计主体（或设计师）能够通过对环境信息的学习以及造型对象的进化从而使设计产生适应性。基于以上几点，本书认为的确存在针对复杂性问题的设计研究。

这里，设计的多因素作用既是大量存在，同时又是不确定的，并且难以预知；设计是人的行为活动的网络，设计行为之间有一定联系，但并非是直接的单一的逻辑映射；设计活动中不存在完全理性的中央控制，但存在有限的理性控制或者说逻辑推演；设计方案具有历史性，设计从过去的经验之中，以一定的规则产生不同的设计方案，又包含了大量的设计信息，经过设计推演而产生结果；这种设计的历史性与演化保证了设计的"适应性"与"进化"，即设计对设计环境或设计情境的适应，这也意味着设计方案是演绎与归纳的结果，并不存在设计最佳解，而只能是满意解，是产生于一定设计情境的可能解的集合。造型设计的这些特点与复杂系统的特点相符合，因而可以从复杂性研究的视角，将造型设计活动理解为复杂适应性系统，通过对系统组分元素及其关系的分析，来揭示整体系统层面的行为模式与规律，从而为理解造型以及设计辅助提供帮助。

本书尝试用复杂性问题的思维来探讨造型设计活动的本质，并以复杂系统的观点来解构造型设计对象，构建一种便于设计师认知与计算机理解的造型设计模型，用于计算机辅助设计。研究首先论述设计复杂性问题及其表现；其次通过对美学属性多向性的探讨来说明设计复杂性问题的来源；然后，借助逻辑深度的概念来阐明造型设计对象的逻辑结构和设计复杂问题的求解逻辑；再在此基础上，通过复杂性度量的思路来探讨设计的价值判断与可信评价问题，以提升设计的适应性；最后，通过两个具体的设计辅助系统案例来说明在造型设计逻辑深度框架之下，设计复杂性问题的计算方法。

1.2.4 智能化辅助的创新设计研究

设计研究的一个重要意义就在于，通过厘清设计过程的脉络与思维策略，便可以借助计算机科学来辅助处理设计问题。这其中主要分为两类观点，其一是以开发出能模拟人类智能的计算机或软件系统来完成需要智力参与的工作；另一种观点则认为计算机无需展现出智能，而是应该对设计活动提供有效支持，把人（设计师）从繁重而复杂的事务活动中解放出来，并以延伸和增强人的设计能力为目标，来达到智能辅助。第一种观点可以说是终极目标，但从现实意义来看，第二种思路更具可行性与应用价值。巴克斯特（Baxter）与拜伦泰（Berente）[1]就认为，在没有彻底弄清楚认知和思维的作用机制之前，要实现"设计自动化"不仅相当困难，也完全没有必要，人机各有所长，相互合作才能提高设计的效率与质量。因此，一部分学者开始研究类似自我复制、遗传算法、神经网络、元胞自动机[2][3]这样的跨学科概念，以期从中发现智能的源头；而另一部分设计与计算机领域的专家则开始合作尝试用计算机来帮助解决设计问题，甚至是进行设计创新。

　　计算机辅助设计（Computer Aided Design，CAD）技术起步于20世纪50年代后期，其发展经历了二维绘图、线框造型、曲面造型、实体造型、参数化设计、变量化设计等几个阶段[4]。随着特征计算、曲面优化、虚拟现实等技术的发展，CAD也从传统的机械工程领域向创新（创意）设计、生物医学、虚拟交互等领域扩展；同时，从面向具体设计任务到面向前期的概念设计以及面向产品开发全生命周期的一体化平台方向发展。然而，多数CAD系统是以"设计表达"为出发点的，通过条件与约束来控制形体表达，因而在思维模式上，基本上只有当设计方案确定之后才能在系统中进行"设计"，而非辅助设计概念的工具。所以在从需求分析到方案求解的概念设计全过程，支持概念发散与创意辅助，同时对设计决策予以支撑的智能化设计辅助系统成为计算机与设计领域关注的热点问题。在国内，有国际计算机辅助工业设计与概念设计学术会议（International Computer- aided Industrial Design and Conceptual Design Conference，简称CAID&CD）探讨设计的跨学科合作；而MIT针对设计协作与设计规则问题进行了Design Rationale相关研究项目；卡耐基梅隆大学的Computational Design Research Group就几何建模、并行设计与智能推理进行了研究，并针对设计过程管理开发了Odyssey系统；普林斯顿大学开发了3D Model Search Engine；而加州大学伯克利分校专家系统实验室就"计算机辅助概念设计概念库的建立及其在机械中的应用"进行了研究。

　　随着设计认知研究的重心向设计者的心智活动与设计策略的转变，如今的CAD技术也朝着智能化辅助的方向发展，着重对设计过程的视觉化与（知识）智能化支

① Baxter R J, Berente N. The process of embedding new information technology artifacts into innovative design practices[J]. Information and Organization, 2010, 20（3/4）: 133-155.

② Berlekamp E R, Conway J H, Guy R K. Winning Ways for Your Mathematical Plays, Volume 4[J]. AMC, 2003, 10: 12.

③ Rendell P. Turing universality of the game of life[M]//Collision-based computing. Springer London, 2002: 513-539.

④ 叶修梓，彭维，唐荣锡. 国际CAD产业的发展历史回顾与几点经验教训. 计算机辅助设计与图形学学报，2003, 15（10）: 1185-1193

撑；强调激发创意、知识管理、协同合作与（智能化）设计交互等方面[1]。马克思
（Marx）[2]就指出，相较于传统设计媒介，在CAD的环境中，设计结构的可视化与即时
的设计信息反馈，能帮助设计者更好和更加频繁地生成关于设计的心智意象，有助于
设计概念的产生。智能化辅助设计系统通常采用的问题求解的逻辑方法，主要包括[3]：基
于规则的推理（RBR）、基于模型的推理（MBR）和基于案例的推理（CBR）[4][5]三种推
理机制。其中，CBR机制以案例知识为基础，着重案例及设计策略的检索（Retrieve）、
重用（Reuse）、修改（Revise）与保存（Retain），比较适合造型设计中基于标杆
的设计开发模式。此外，迈什卡特（Meshkat）和费瑟（Feather）[6]则从设计决策
辅助的角度，探讨了概念设计与并行设计中基于决策的设计过程结构以及设计辅助
工具（图1-3）。

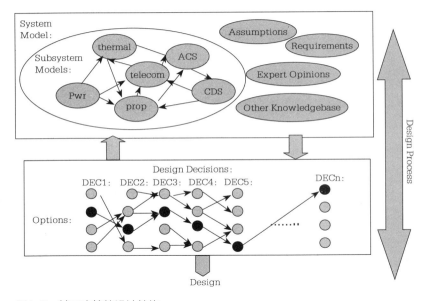

图1-3　基于决策的设计结构

① Vidal R, Mulet E. Thinking about computer systems to support design synthesis[J].
Communications of the ACM, 2006, 49（4）: 100-104.
② Marx J.A proposal for alternative methods for teaching digital design[J].Automation
in Construction, 2000, 9（1）: 19-35.
③ George F Luger. 人工智能书：复杂问题求解的结构与策略. 史忠植译. 第4版. 北京：机
械工业出版社，2004, 165-231.
④ Schank R C. Dynamic Memory: A theory of reminding and learning in computers and
people. Cambridge: Cambridge University Press, 1982, 1-103.
⑤ Aamodt A, Plaza E. Case-based Reasoning: foundational Issues, methodological
variations, and system approaches. AI Communications. 1994, 7（1）: 39-59.
⑥ Meshkat L, Feather M S. Decision & risk based design structures; decision support
needs for conceptual, concurrent design[C]. //Systems, Man and Cybernetics, 2005
IEEE International Conference on. IEEE, 2005: 2408 – 2412 Vol. 3.

另一方面，在设计研究领域，设计活动与设计对象所处的环境及其对设计的影响也成为研究关注的重点，有学者将设计情境与感知语义包含到案例推理之中，以再现更加真实的设计行为环境，试图找到一种更加符合设计经验提取的表征方式，构建了基于设计情境的行为模型①；谭浩则从造型设计的案例研究出发，提出了以案例情境、设计情境组织框架、情境转换模型为基础的产品造型设计情境知识模型，以便从功能域和过程域角度对设计行为进行表达、建模和应用②。从关注逻辑推理到关注设计行为模式的转变中，认知心理学的研究也起到了推动作用。就事物的概念特征在人脑中的反映来说，认知心理学上认为，它们是以离散的、碎片化的方式存储于大脑皮层之中，而认知行为则是对庞大的碎片数据进行搜索，概念目标的匹配如同从众多碎片集合中涌现出来的事件③。基于这样的认知模型，彭蒂·卡内尔瓦（Pentti Kanerva）提出了稀疏分布记忆算法的数学模型来模拟认知行为④，并成功地在计算机上实现了算法，让计算机完成了对一组数字图片的记忆与识别。

CAD技术的发展在经历了二维绘图、线框造型、曲面造型、实体造型、参数化设计、变量化设计，再到现在的智能化辅助设计，其关注的重点从设计的目标对象逐渐转移到了设计的主体——人，及其思维方式。因为创造力最终来源于人的思维习惯与行为模式，客观对象的数字化表达及其技术是创新的载体和工具，并且需要围绕着人的设计活动来组织与构建。

因此，对设计活动进行研究，探讨造型设计活动中的信息交流与价值传播，期望通过信息化与复杂性的视角来对设计对象及过程进行逻辑化、结构化的梳理，从而达到对造型设计活动的新理解，构建设计表达的逻辑结构，并应用到智能化设计辅助领域是本书研究的应用方向。

---

① Gero J S, Kannengiesser U. The situated function-behaviour-structure framework. Design Studies, 2004, 25: 373-391.
② 谭浩. 基于案例的产品造型设计情境知识模型构建与应用：湖南大学博士学位论文. 长沙：湖南大学，2006. 23-45.
③ Kevin Kelly. Out of Control: The New Biology of Machines, Social Systems, & the Economic World. New York: Basic books, 1995, 36.
④ Kanerva P. Sparse distributed memory and related models[M]. Research Institute for Advanced Computer Science, NASA Ames Research Center, 1992, 1-41.

1.3 选题背景

1.3.1 本书研究的国家科研项目背景

本书研究课题主要来源于作者参与的两期"国家重点基础研究发展计划"（973计划）项目，即从2005年至2009年的《现代设计大型应用软件的共性基础（项目编号：2004CB719400）》的子课题《工业（造型）设计专门知识辅助设计系统》（课题编号：2004CB719401）；以及2010年至2015年的《现代设计大型应用软件的可信性研究》（项目编号：2010CB32800）的子课题《复杂产品数据模型结构精度可控性理论和方法研究》（课题编号：2010CB328001）。研究的主要内容包括：汽车造型专门知识获取与表达；设计情境知识框架模型及案例情境模块；复合情境驱动的汽车工业设计系统研究；基于设计时序关系和逻辑关系的设计迭代求精；领域任务模型和设计数据流的一致性等。在"973"项目研究中，针对汽车造型的创意辅助与评价问题，提出了基于语义驱动和意象表达的汽车造型创新辅助设计方法和以认知平衡为基础的造型设计评价框架。

此外，作者在"十一五"国家科技支撑计划《面向数控机床行业的产品造型设计应用软件（子课题编号：2006BAF01A45-02）》项目中作为主研人员负责开发了DTM-CAID系统（Computer-aided Industrial Design System based on Design Task Model），即基于设计任务模型的计算机辅助工业设计系统。该项目是在造型设计任务与角色模型研究的基础上，针对数控机床造型研发问题，给出了在对象层面以侧面轮廓为出发点；在流程层面以设计任务为组织；在设计支撑层面以设计案例迭代为智能推理的智能化辅助设计解决方案。这一系统的研发思路为"973"项目的系统开发提供了基础。

1.3.2 本书研究的设计项目背景

在实践设计项目中，主要有两个重要项目。一是《中国自主C级车造型设计》项目，又称"中气项目"，作者参与完成了前期调研、设计概念提出、草图发散、效果图绘制、CAS建模、油泥校核等工作，是一次汽车造型正向设计全流程开发的创新尝试；其次，作者作为研发负责人在与Nokia中国研究院合作的"Grassroots Ideation"设计项目中组织研究并负责开发了"脑力室"与"大规模定制（手机）网络平台"。该项目目标是探索在移动互联网UGC（用户生成内容）快速发展的背景下，企业如何培养和引导用户创新为企业创造价值。在技术快速更新，用户需求越来越多元化的行业发展的大背景下，产品设计领域的产业结构与工作方式也在发生着深刻的变化，消费电子企业鲜明地感受到这种行业压力，并努力尝试创新转变，这些变化都对造型设计提出了新的挑战，也是本书实践应用中重点考虑的一部分，这一项目提供了重要的研究案例。

1.3.3 选题的理论意义与实践意义

以理性分析的视角来剖析造型设计中的感性经验与创新价值，并从计算机辅助设计的角度构建造型设计的经验知识模型是本书研究的理论意义所在。造型设计的知识通常被认为是经验性的技艺，讲究"面"传身授的师徒教育和个人的天赋与悟性，而理论的构建一直比较困难且落后；另一方面信息化的发展给传统的造型设计行业带来了冲击与机遇，创意（虚拟）产业与实体产业的快速发展都要求造型设计逐渐脱离传统工作室的作坊式生产，而变得越来越专门化、系统化与定制化，以应对快速变化的市场环境以及技术的更新换代。面对如此飞速发展的外部环境，造型设计领域内部有着极为强烈的理论化与系统化的需求，同时信息化也为重新审视客观对象提供了新的视角与工具，计算机领域急需了解甚至是理解造型设计的经验知识与策略手段。因此，从设计与计算机两方面共同努力来构筑造型设计领域的知识模型具有十分重要的理论意义。

而在实践应用方面，本书研究的选题主要有3大方面的应用价值：

（1）它是未来智能化设计研究的基础。智能化的研究应用都需要建立在对目标对象、目标活动与参与角色充分理解的基础之上。

（2）它在设计理解与创新计算方面具有重要的应用价值。对造型经验知识的研究也是对造型设计价值意义探寻的过程，其结果无论是对设计评价还是对于计算机参与的价值判断与创新计算都具有重要意义。

（3）它在设计教育与研究方面具有应用意义。设计教育既是国民素质的基础教育，也是一个漫长的品性培养的过程，在教与学之间，设计也在不断地发展，关于造型设计的知识理论能够很好地将大众带入到设计领域之中，同时设计研究也能够基于设计的教育与实践更进一步的发展。

1.4 研究方法与组织思路

1.4.1 研究方法

从方法论的角度来说，对于知识的追求，有两条基本的途径，一端是哲学的思辨与推理；另一端是科学的观察与实验。设计领域的先贤把对设计知识的追求视为设计研究的根本目标，并努力将设计研究打造成一个系统性的科学研究活动[1]，讲究从实践活动中进行"案例分析"，并将实践作为思考手段的研究方法[2]。设计研究关注的基础内容是设计思维与设计认知，这就包括设计实践中的人、过程以及设计对象。然而设计作为一个文理交叉的研究领域，哲学思辨一直是它区别于传统科学学科的重要方面和研究工具。在科学与哲学分道扬镳的现代社会，设计自然承担着"意义解释"与"价值诠释"的社会责任，维系着人们日常生活与精神世界之间脆弱的联系。因此，认知、意象与价值判断一直是造型设计研究比较关心且无法回避的问题，可以说，本质上造型设计的研究就是回答一个意义的问题。

综上所述，本书的研究是握着科学分析的工具，以哲学思辨的眼光来探求造型设计的内在意义、经验知识与价值规律。区别于传统造型设计研究以案例为主、自下而上的研究思路，本书的研究基于设计研究方向的长年积累，并以计算机应用作为核心目标，出于"经验本能"、自上而下地将造型设计视为一个有机而又有组织的复杂整体，试图以科学理性的分析深入到感性抽象的造型设计内部，将其结构关系与价值来源剖析展现出来。除了用到"案例分析"与"问卷调研"的方法之外，本书在主要论点（如造型设计的属性、结构与求解逻辑等）的论证中也采用了设计实验研究，以确保尽量客观而直接地反映造型设计实践中宝贵的设计经验，并通过对结果的统计分析来梳理和把握设计的经验知识。在获取造型设计的经验知识之后，从项目课题的实践应用需求出发，对设计过程及其价值判断、设计可信等问题进行了深入探讨，并结合设计的经验知识模型和技术手段对这些问题给出了一种有借鉴价值的解答。

造型设计作为理性与感性交织的学科，在研究方法上需要将科学的实验研究与人文的经验研究结合起来才能还原事物的客观原貌。正如哲学上将基于数学语言的理解称之为"技术性理解"，它是对事物的高度概括，破坏了事物与周围环境的整体性以及由此而赋予的现实意义；而只看重感性认识与意义的经验研究也不是完整的，它只停留在事物解释的层面，而没能深入推导获得对事物本质结构的把握。只有结合科学与哲学的双重视角，才能立足于丰富的实践经验之上，获取造型设计的内在知识，并从造型设计活动的整体层面上把握设计的价值与意义。

---

① Archer B. A View of the Nature of Design Research. In: Jacques R, Powell J（eds）: Design, Science, Method. Guildford. Westbury House press, 1981, 29-36.
② Hacker W. Action Regulation Theory: A practical tool for the design of modern work processes? European Journal Of Work and Organizational Psychology, 2003, 12（2）: 105-130.

1.4.2 本书组织结构

本书围绕造型设计与计算机辅助设计的问题展开研究，主要分为5个部分，如图1-4。

（1）研究的理论基础与背景。主要从复杂性问题、复杂系统、设计与复杂性关系以及CAD相关研究这4个方面的文献综述与理论分析，来界定本书的研究基础和研究问题。

（2）明确设计的复杂性问题及其特殊性。其内容主要集中在第2章，首先从信息传达的角度，以案例和理论研究指出设计的复杂性问题及其在设计对象上的反映；然后从计算求解的角度，说明设计计算求解的方式和其中的复杂性问题，指出后文研究

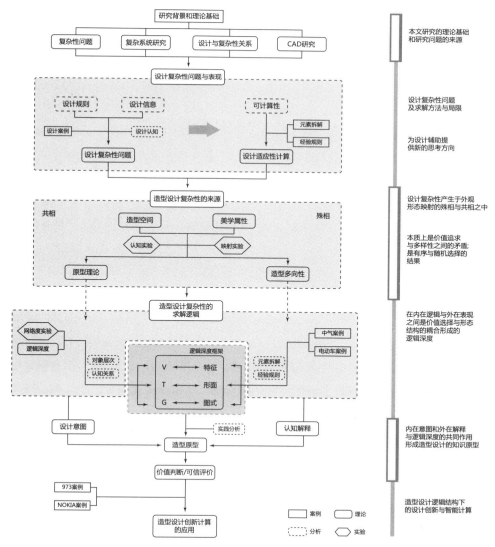

图1-4 本书组织框架图

的重点。

（3）阐明造型设计复杂性的来源。以实验研究的方式，探讨造型设计中的设计属性和实体形态映射，通过实验结果的分析来揭示造型表达中的殊相与共相，以及由此产生的复杂性。

（4）提出造型设计复杂性的求解方法。综合前文造型设计内在逻辑与外在表现的研究成果，结合实践案例分析与认知实验，形成造型设计对象的逻辑深度概念，从而理顺"设计意图"与"认知解释"的设计表达过程，并将逻辑深度的概念应用于汽车造型设计开发流程的分析，提出以造型原型为核心的计算机辅助系统的结构框架。

（5）设计的价值判断、可信与应用的问题。在基于逻辑深度框架的基础上，从复杂性的角度，探讨设计的价值判断与可信问题，尝试给出设计对象的可信评价方法；并将造型的逻辑深度框架应用于造型设计的创新计算系统之中，以探讨智能化设计辅助与设计创新的模式与方法。

依据该组织框架，全文分为6个章节，具体研究内容如下。

第1章，绪论。提出研究问题，从复杂性研究中寻找设计研究的新角度和方向，并以哲学和科学的双层视角来审视设计复杂性问题及其背后的意义，奠定了研究的特殊视角与独特思路。结合国家科研项目、实际设计项目明确了选题的理论和实践意义。

第2章，设计复杂性问题及其表现。拨开设计的表象，直接深入到设计内部来具体分析设计的复杂性问题及其计算求解。从有序与随机、计算与不可计算、适应性与进化等方面详细分析了造型设计的复杂性，指出从其内在意义、价值选择与构成机制上，认识与处理造型设计问题的方式和后文设计研究所要解决的问题。

第3章，造型设计复杂性的来源。回到设计对象的外在形态，从对形态美的追求上定义造型设计的美学属性，并明确设计的造型空间。在此基础上，设计并实施了美学属性的映射实验，以揭示复杂性的来源——造型设计中的殊相与共相。从对实验结果的科学分析中发现并阐明了造型美学属性多向性的差异特点，以及设计认知中的原型概念，由此深化了对造型空间的认识，还原了造型设计多样性的本质。

第4章，造型设计复杂性问题的求解逻辑。结合前面两章的研究内容，形成了逻辑深度的概念，来对造型对象的本质结构进行抽象，用来表征蕴含于设计对象之中的，人的逻辑思考与加工。通过认知实验与设计实践案例，详细探讨了这一概念的层级关系和结构内容，并在汽车造型设计开发流程中应用，构建了以造型原型为核心的计算机辅助系统的结构框架。

第5章，造型设计复杂性的价值判断与可信评价。基于逻辑深度的框架提供了一种对设计对象的价值判断的新思路，而将这种理性框架应用于设计辅助系统，并要保证设计的创新与多样性，是设计可信的科学问题。在前文研究所提出的造型逻辑深度框架的基础之上，本章从设计活动的过程与对象两方面分析了造型设计的可信问题。明确了以概念完整性为核心的设计过程可信，并以造型原型作为系统应用层面的保障机制；同时在设计对象层面提出了设计表达的可信与可信验证，并给出了适合设计辅助系统的设计对象可信评价方法。

第6章，造型设计的创新计算。结合CAD领域的发展趋势，在本书研究成果的基础上，提出了造型设计辅助系统的设计思路，并完成了原型系统的设计与实现。实践应用中包括两个设计系统，其一主要从面向对象的角度，着重于传统汽车造型设计的开发过程，使系统流程更符合实际设计过程，并从设计输出物上回答了设计的创新与可信问题；另一个则以面向过程的角度，针对造型设计行业的发展趋势，以大规模定制的实际项目背景，探讨了互联网与参与式设计环境下造型设计模式的变化及其系统辅助。

第 2 章

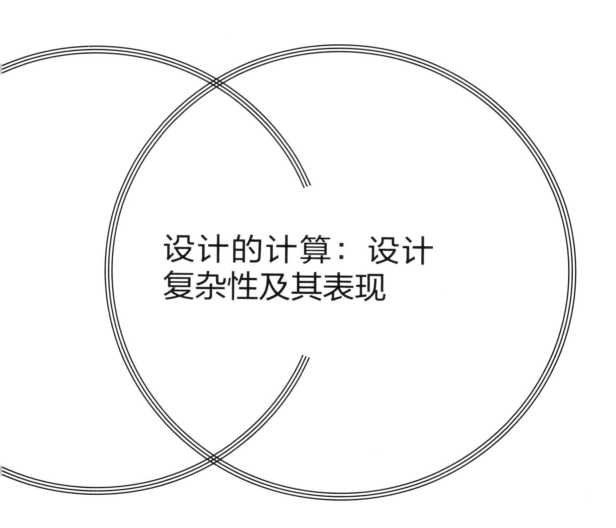

设计的计算：设计
复杂性及其表现

　　之所以将复杂性问题与造型设计相联系，是因为设计是一种以人的智识和审美情感参与的、逻辑推演的活动。设计所反映出来的复杂性，可以说是人类智力与情感结合的最佳体现。因此，对于设计的科学研究不同于传统科学学科的求解验证，但普遍存在、又影响深远的设计活动仍然需要合乎"逻辑"的科学解释，因为设计不同于艺术的个人表达，设计是为了达到某一功利目的而存在的。而复杂性的思想或许能帮助我们找到设计背后的理性知识，并将这种知识应用于设计辅助之中。

2.1　设计复杂性的表现

　　"有些思想是由简单的思想组合而成，我称此为复杂；比如美、感激、人、军队、宇宙等。"英国哲学家约翰·洛克在《人类理解论》中如是说[①]。这是对于"复杂"的直觉理解，其思想基础就是从17世纪以来，在科学中占据主导地位的还原论。笛卡尔（René Descartes）就将自己的科学方法描述为："将面临的所有问题尽可能地细分，细到能用最佳的方式将其解决为止"。侯世达（Douglas Hofstadter）也认为"如果你理解了整体的各个部分，以及把这些部分'整合'起来的机制，你就能够理解这个整体"[②]。还原论在解释极大和极小的事物方面取得了伟大的成功，然而在面对接近人类尺度的复杂现象的解释上，却无计可施，例如天气和气候的不可预测性；生物的复杂性和适应性；经济、政治和文化行为；现代技术和网络的发展与影响；智能的本质以及人工智能的发展等。这类问题无法被单独归入某个学科，而是需要从交叉学科的角度进行理解，设计学科无疑具有这样的特性。

① Locke, J. An Essay Concerning Human Understanding. P. H. Nidditch Edit. Oxford: Clarendon Press, 1690/1975, 2. 12. 1.
② Hofstadter, D. R., Ant fugue. Gödel, Escher, Bach: an Eternal Golden Braid. New York: Basic Books, 1979. 312.

2.1.1 设计的信息传达

不言而喻，设计产品具有内在逻辑，是思维与逻辑的产物，然而"设计"更有它超脱物质性的一面，即"设计是一种信息"，所谓"有之以为利，无之以为用"①。

让我们先来看个例子，在日本有一家设计工作室，走进它的办公区，人们很难找到传统设计公司的那种案例满墙，文件成堆的景象，这里只有整洁统一的几排椅子围绕着按间距摆放着电脑的长条形方桌，此外窗明几净，没有任何多余的装饰；整个空间被分成三个区：会议空间、员工工作空间和管理人员工作空间，而所有工作相关的文件都被分放到收纳箱中并被编号，置于一排排整齐划一的文件架上，宛如一个安静整洁的图书馆。这就是由日本知名设计师佐藤可士和创办的名为"SAMURAI"的设计工作室（译为"武士"，图2-1）。

图2-1 "SAMURAI"的设计工作室内部

如此整洁干净的空间，使人们惊讶于它居然是一个工作室，然而从这种协调一致的秩序之中油然而生的设计感，又让人们确信这就是一家出色的设计工作室。所有的元素都井然有序的排列于空间之中，所用的元素也是普通常见的办公物件，没有附加任何其他的设计因素，正是这种隐藏于秩序背后的规则传达出了一种设计的信息。

设计（或者说设计感）能够单纯从规则中产生——是值得指出的一点，它说明要赋予"设计感"（至少是最基本的设计感）不取决于人为地增加或删减东西，或是考虑对象的深层含义，只需给予对象以规则即可，也可称为形式感。这意味着设计与信息在某种层面上有着一致的某些性质（随机性、惊奇概率与意义无关）。佐藤可士和将这种设计方法称之为"整理术"，并给出了一般化的设计步骤，如图2-2所示。他提出对于设计问题，首先要掌握（问题的）状况，找出其本质，将不可见的事物可视化，将思绪信息化，如图中"a→b"的过程；然后需要导入观点，对各类信息进行对调，舍弃多余信息，排除含糊暧昧的部分，去芜存菁，厘清信息间的因果关系，如此便能认

① 老子. 黄朴民译. 道德经. 长沙：岳麓书社，2011, 05（1），43-47.

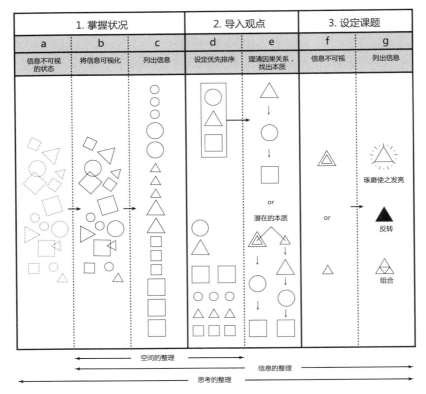

图2-2 "整理术"的步骤

清问题本质，再基于不同观点发掘潜藏于其中的力量；最后便可设定课题，找出解决问题的方法，如果问题的本质是正面的，就可以对其琢磨，并重新组合以强调其优势。而如果是负面的，则可进行反向思考，将负面扭转为正面。

因此，从过程的结果来看，设计的目标（或本质）是传递一种信息，或者可以将设计本身看作一种信息，它与设计所采用的载体无关，而只关心发送者与接收者之间的信息差异。说设计与"载体无关"似乎有悖于设计直觉，这里的"载体"是指平面设计、空间设计、造型设计等设计形式。设计通过这些形式来达到传播设计信息的目的，然而具体到采取某种形式，则设计信息传递的效率就会与采取形式的具体方式和内容密切相关。在设计领域，这一问题又被表述为"设计意图与认知解释"[①]。

2.1.2 设计信息与设计意义

理论上认为，设计是一种以交流为目的的人类实践活动，了解设计意图与认知解

---

① 赵丹华. 汽车造型的设计意图和认知解释：湖南大学博士学位论文. 长沙：湖南大学，2013.
17-18.

释的基本现象和基本模式以及两者之间的关系，有助于设计师与用户之间建立起有效沟通并达成共识。其理论模型为预测和理解用户将会如何认知设计和获得设计与品牌意象提供基础。那么什么是设计的"信息"？按设计认知研究的说法，"设计意图"则是设计所要传达的信息，而"设计信息"本质上是为了获得"美"的认知解释和评价[①]。

唯物主义美学的倡导者——蔡仪老先生，将"美"看作是客观事物的客观属性，而"美感"是我们的意识对这种属性进行反映的结果[②]。"美感"作为"美"的反映，在唯物主义美学上必然是居于第二性的，并且有正确与不正确之分。在这种反映论美学的框架中，美学基本问题被归纳为心——物关系问题，美对应于物，而人的作用（活动）对应于心的意识。从唯物主义美学的角度，对设计的意义与信息就比较容易区分了。"美"作为设计物的一种客观追求，是其固有的一种属性，也是"设计信息"的根本和"设计意图"产生的出发点。而作为"信息解释"与"意图理解"的"设计认知"是对"美"的一种心理反应，即所谓的"美感"（设计感），也就是设计的"意义"，并且由于这种"意义"是个人心理的反应，因而会有差别，但"美"却不会因为"意义"的差别而有所变化，它是一种客观属性。

然而，唯物主义美学也引发了广泛的争论，问题的核心在于，美与美感何为第一性，何为第二性。由于唯物主义美学单纯从意识——反映的角度对审美进行分析，使得人的作用无形中被心的作用所取代，结果是，如果强调审美中人的能动地位，就往往流于主观主义；而抗拒的话又容易陷入机械反映论的泥潭。因此，在审美活动中，有必要将人的作用充分考虑进来，既不贬低也不夸张人在设计传播中的影响和地位。李泽厚先生就将"实践"范畴引入到美的本质思考中，提出了美是"有意味的形式"[③]。即作为个体的人之所以能对自然进行审美，是因为人类的"实践"改变了自然与人的关系，使原本处在人的对立面上的自然，转化为"人化的自然"。而探究美的本质，不应仅仅依据个体心理意识层面的所谓反映，而应在人类物质实践的创造层面来考虑。并且这种实践的创造是过程性的，所以对美的本质探讨，不能局限于个体美感对它的横向认知关系，还必须纵向地考虑美的历史生成过程。在这个意义层面上，消极被动的、作为映现工具的"心"或曰"美感"，得以转化为创造历史，也创造自身的"人"，僵化的心——物的对立也得以消解。

因此，本书中的"设计信息"不仅来源于设计物本身"美"的客观属性要求，人的设计实践也为它赋予了"意图"，设计物由于人的这种实践作用而获得"美感"（设计感），个体意识对于"美感"的解读即是所谓的设计"意义"，然而这种"意义"基于个体经验，不仅具有个体差别，在人类共同实践的作用下还具有普遍的共性，人们

① Vihma S. Products as representations. Helsinki：UIAH Helsinki press, 1995, 98-119.
② 蔡仪. 蔡仪美学文选. 郑州：河南文艺出版社, 2009, 11-87.
③ 李泽厚. 美的历程[M]. 天津：天津社会科学院出版社, 2001, 15-31.

会通过"语义"工具（符号）来表述对设计"意义"的理解，并且反作用于设计与审美。

2.1.3 设计的复杂性问题

在第一章的综述中提到，造型设计的复杂性问题基本定义为：设计是一个多因素作用的设计活动的网络，不存在完整和完全理性的中央控制；设计通过一定运作规则产生出多样的行为和大量的信息，而设计活动内部的信息交流频繁、广泛且不对称；设计主体（或设计师）能够通过对环境信息的学习以及造型对象的进化从而使设计产生适应性。设计复杂性问题，是设计活动这一复杂系统的运行规律的反映，而其实体化后的产品则可以看作是设计复杂性问题的客观载体。

作为服务于特定目标的创造性产物——设计产品，所反映出的复杂性是一个值得研究的问题。设计的复杂性不仅表现在物质层面，形态或形式（美感）所传达的内在价值（美）才是更为本质且具创新意义的。对这种设计价值的表达与认知是设计活动的核心。具体到造型设计领域中，形态认知要素构成了设计信息交流的载体与基础。然而"信息"的内容并不清晰明了，它来源于设计物"美"的客观属性要求，又依赖于用户认知对其的解读，而就造型设计来说，设计信息的传递过程即是从产品和产品造型逆推设计意图的过程，产品形态和形态语义表达了设计意图，用户通过个人经验与实践共性逆推而获得认知解释的线索。因此，产品语义学研究产品形态和认知解释之间的关系，将其看作一种工业设计情境中的人造物形态的象征意义，其目的在于探讨造型设计是否符合用户的认知习惯[①]。

因此，在唯物主义美学的认识下，长久以来，造型设计研究一直关注于设计的意象语义（符号）与形态认知要素之间的映射关系，即为形态赋予意义，并尝试在映射关系的基础上构建认知解释的规则。然而，形态与（语义）解释之间的联系何其的宽广与复杂，映射关系的建立往往隐晦难解，或者受特定认知情境条件的约束限制，其映射与解释规则也难于在计算机辅助设计中加以应用。这与信息论构建之前的情形类似，当时人们普遍认为通信就是使（自己的）意图被人理解，是传递意义，而信息论的创立者——香农，却指明：通信的基本问题是，在一点精确地或近似地复现在另一点所选取的信息[②]。这意味着信息的信源和信宿可以在空间或时间上相分离——这与

① Petiot J F, Yannou B. Measuring consumer perception for a better comprehension, specification and assessment of product semantics. International Journal of Industrial Ergonomics, 2004, 33: 507-525.

② Claude Elwood Shannon and Warren Weaver, The Mathematical Theory of Communication. Urbana: University of Illinois Press, 1949, 31.

造型的设计与认知过程是符合的（设计构建与用户认知是在不同时间与空间下进行的）——并且信息的意义与这一过程无关，一条信息就是一个选择。如果说设计的信息是设计师的一种选择，就好像在做设计时，设计师的手边有一本可供查询的电码本，只要从中挑选组合就可以创造设计信息，这或许从感情上让人难以接受，然而认为把握（造型）映射与解释规则就能理解并掌握设计又何尝不是这种逻辑的反映。事实上，将设计（信息）理解为一种对"美"的本质属性的选择，并且在考虑设计传播问题时暂且抛开其背后的个体意义的差别，有助于对设计问题及其本质价值的理解。

对这种设计价值的把握，需要人的实践参与，不仅需要设计师的智识对设计对象进行加工，还需要用户通过产品体验对其进行解读，在这个价值传播的过程中，产品是媒介，衔接起相互隔绝的设计师与用户，传递着设计信息。由于设计信息的接受方与发送方的隔绝，设计信息的产品形态映射表现出复杂的关系；此外，设计具有适应性，尽管本质上这种适应性来源于设计师的赋予。因为设计不存在唯一解或是最优解，设计的解可以看作是在有限地选择集中，选取比较适合设计问题的解决方案，所以从计算的角度，可以通过把握约束条件和影响适应性的因素，从而反过来促进设计的进化，帮助解决设计问题；最后，设计产品在整体层面上表现出的复杂性（也即多样性），有望通过个体组成元素的拆解，而在一个相对松耦合的层面上，经由元素间的信息转换或组合规则来予以解读，进而对设计的创造性产生新的理解。

然而，对于设计的计算并不容易，这主要是由于复杂系统所蕴含的有序与随机，使得设计并不总是适合通过计算来予以求解；另一方面，对于设计价值的判断（设计的适应性）仍然具有很大的局限性，成为设计进化的阻碍。在下一节中将分别详细分析这些问题，这些是本书研究所关注的内容，也成为设计模型构建的重要参考。

2.1.4 小结

设计感能够从简单的规则之中产生，而无需附加其他的设计因素，也无需过多考虑设计背后的个体含义；设计本身则是围绕"设计意图与认知解释"以信息交流为目标的实践活动，在这一过程中，设计信息（美）是关键，它既来源于设计物的客观属性，又依赖于人的实践，通过不同的设计载体与表现手段，构成了多样而复杂的认知映射关系，然而其基于信息的本质使得设计可以滤过错综复杂的意义映射来探讨设计传播的问题及其价值判断。

以复杂性的角度来审视设计及其过程与对象，是为了更好地把握设计概念的内涵，以及造型所表达的概念，更为重要的是，在数字化设计的今天，通过复杂性问题的视角能够更好地解构设计对象和过程，认识设计的本质，为设计的发展与传播提供更好的环境。

　　下一节将探讨在复杂性问题下，设计计算如何辅助设计的问题。这些问题是本书在构建设计模型时的基础。

2.2　设计复杂性的计算

　　由于设计所具有的复杂性特点，使得通过计算来解决设计问题变得困难，本质上设计具有不可计算的特点，因为无法从设计内部来判定一个设计问题的好坏，所以计算机无法独立解决设计问题。但设计的有序部分却是可以通过一些元素拆解与经验规则来构建求解逻辑的。如何通过计算机来辅助求解造型设计问题是本书关注的重点问题，因此将设计计算单独作为一节，详细说明设计计算的思路与局限性。

2.2.1　设计问题的不可计算性

1. 复杂性的限定范围

　　如果说设计的结果是使得一切变得有序，那么混乱的设计自然就是有问题的。在复杂系统科学中，这一问题被表述为逆熵的自组织系统，即有序是如何绕过熵增定律①，从无序中产生。对于设计问题来说，似乎没有那么复杂，人的认知活动的介入是使得设计有序的根本动力。然而这种介入还是给设计对象的表达带来了许多复杂因素。

　　在讨论造型设计领域的复杂性之前，需要对"复杂性"的范围做一个限定。造型设计固然是复杂问题，然而本书所说造型设计的"复杂性"是针对设计的目标对象本身及其设计过程与结果，主要围绕"设计意图与认知解释"过程中产生的设计表达与认知问题，而不考虑设计管理、需求期望、历史与品牌等外部因素对设计对象施加的影响。简而言之就是，只考虑纯粹的造型表达与造型认知之间的关系问题。

　　之所以施加这样的限定，一方面是因为这是造型设计的核心问题；另一方面，限定使得"设计复杂性"的概念更为明晰与集中，抛开了"干扰"设计的繁杂因素。借用香农在《通信的数学理论》（*The Mathematical Theory of Communication*）中对于所研究的信息给出的一句解释——这些信息往往带有意义，也就是说，根据某种体系，它们指向或关联了特定的物理或概念实体。但通信的这些语义因素，与其工程学问题无关②。类似的，外部的需求和意义与设计计算问题无关。

①　Eddington, A. E. The Nature of the Physical World. Macmillan, New York, 1928, 74.
②　Claude Elwood Shannon and Warren Weaver, The Mathematical Theory of Communication. Urbana: University of Illinois Press, 1949, 31.

2. 可计算数与判定性问题

正如所有复杂性问题一样，造型设计也是由有序与随机的组合构成。很难想象设计师会承认自己的设计中存在随机的成分。诚然，就最终的设计结果来说，每一个造型细节都是经由设计师与工程师多次沟通迭代，反复推敲所得。然而即使是设计师也很难说这是考虑了所有可能造型后的结果。在面对复杂问题时，人们做的永远是有限选择，正如自然界处理复杂问题时的集群思维一样，并且这样的选择也足够好。但是在这个选择之外，仍然存在着无尽的、足够好的选择组合，设计师只是在一个有限范围内，"碰巧"选择了现在的结果，这点在概念设计前期特别明显。大卫·拉德克利夫（David Radcliffe）在研究设计创意如何产生的实验中就总结说："设计创意的产生不能被限制于特定的空间或系统的设计方法顺序之中。很明显，设计创意只有在连贯的设计对话中才会出现……观念的形成不能只在规定的时间约束下产生，也不能被预期的过程计划和恰当的设计先后次序阶段所支配"[①]。但是，也不能把造型设计看成一道单选题，期待着有一种能遍历所有可能选择组合的机器或算法来找出最佳解。事实上，即使是找出足够好的解，对计算机来说都是相当困难的，在面对这类问题时，求助于设计师仍然是目前最好的选择。之所以在判定设计问题上，计算机不如人类做得好，原因还在于设计问题的不可计算性。

所谓的"设计问题不可计算性"是借用了图灵对"可计算数"的表述。1936年艾伦·图灵发表了之后影响深远的论文《论可计算数及其在判定性问题上的应用》（On Computable Numbers, with an Application to the *Entscheidungsproblem*）。

论文的标题以德语单词"Entscheidungsproblem"结尾，意为"判定性问题"，这是由著名数学家大卫·希尔伯特在1928年国际数学家大会上提出来的三个问题之一（三个问题可简述为：数学是完全的吗？数学是一致的吗？数学是可判定的吗？）。判定性问题指的是，能否找到一个严格的、分步的算法，通过它，给定一种演绎推理的形式语言，就可以自动化地进行证明。图灵巧妙地将判定性问题转换为——所有的数都是可计算的吗？——的问题，并通过思想实验构造了图灵机（图2-3）来处理这

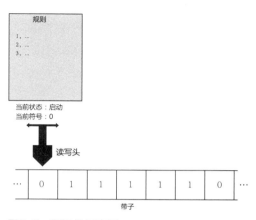

图2-3　图灵机示意图

---

① 奈杰尔·克罗斯. 设计思考：设计师如何思考和工作[M]. 程文婷译. 济南：山东画报出版社，2013.02（1），157.

个问题，最终给出了判定性问题的答案：不是所有的数学命题都是可判定的，一个不可计算数，实际上就是不可判定的。图灵将可计算数定义为，其小数表达式可在有限步骤内计算出来。并把计算方法定义为一个机械过程，即现在熟知的算法。图灵将算法转换成图灵机的状态组合，形成指令集。

进一步地，指令集也可以通过数字编码来表示，因此操作数与其指令集可以合并起来用一个数描述，也就是执行某个算法的图灵机也可以用一串数来表示。这样就可以用一个"通用图灵机"来读取某个具体的图灵机进行运算，如果是可计算数，机器会最终停止，并给出一个输出；而不可计算数将导致图灵机的输出不存在明显重复，也无法知晓其是否会停机。图灵用"图灵机检查图灵机是否停机"这样一种方式，最终证明了不是所有的数学命题都是可判定的，这种不完全性来源于不可计算性。

同理的，从造型设计内部的逻辑策略来判定设计，是存在问题的。这样的逻辑正如艾舍尔的版画——瀑布——所表现的一样，似是而非（图2-4），最好的情况也只会是一个周而复始的，自指的循环。"不可计算性"是造型设计复杂性问题中的随机部分的反映。尽管它的存在使"完美地判定造型设计"的希望破灭，但并不阻碍借助设计体系外部的知识力量对造型设计问题进行评判的可能；而造型设计本身也存在有序的部分，这一部分也成为许多研究关注的热点。

图2-4　瀑布，艾舍尔作
（石版画，1961年，来源于百度）

2.2.2　可计算的设计

如果将不可计算性看作是设计随机部分的反映，那"可计算的设计"则是有序部分的产物。

秩序的存在表现为一种外显或内隐的模式，它存在于生活中的方方面面，从儿童识字到医生为病人诊断病情，背后都潜藏着一定的模式，而对于模式的识别则是人类的基本活动之一。随着人类社会的发展，认知的对象范围在不断扩大，认知的内容也越来越深，不断挑战着人类的心智，而人工智能的兴起有望将人类从模式认知的重压中解放出来，其中的关键技术之一就是利用计算机进行模式识别。在计算机领域，所

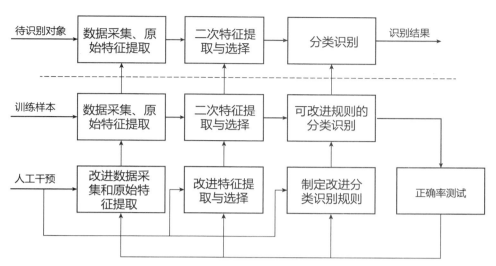

图2-5　模式识别系统及识别过程的原理图

谓模式（pattern）是对对象的抽象描述，是对研究对象进行科学抽象，建立数学模型，用以描述和替代识别对象的；而模式识别（pattern recognition）是根据研究对象的特征或属性，利用以计算机为中心的机器系统，运用一定的分析算法认定它的类别，以便尽可能地符合真实[①]。如图2-5所示，给出了一般模式识别系统及其识别过程的原理框图，其中对于识别对象的特征提取与特征选择是最基本也是最重要的一部分，无论是识别还是学习的过程，都建立在对对象固有的、本质的以及重要的特征或属性进行量测并将结果数值化、符号化，形成特征矢量，构建符号串与关系图，从而产生关于对象的模式描述的基础之上。而特征是建立在有序的基础之上的。特征、类别与学习构成了模式识别的主要内容。

1. 设计的元素拆解

模式识别的方法众多，在设计领域最广为人知的，是由乔治·史订尼（George Stiny）、詹姆斯·吉普斯（James Gips）在1972年首先提出的形状文法（shape grammar）[②]，即透过形状的文法关系与规则，来描述设计的空间组织或造型构成。其最初的目标是通过定义一套形式法则，来支持对于创造性过程中的模糊性问题的研究。从那时起，形状文法很快发展成一套开创性的、实用主义者的形状与设计哲学。美国卡内基梅隆大学的杰伊·P·麦克马克（Jay P McCormack）等人在详细调查了别克汽车前脸造型风格的基础上，采用形状文法将别克品牌的关键元素编码成为一种可重用

---

① 孙即祥. 现代模式识别[M]. 北京：高等教育出版社，2008，10（2），1.
② Stiny G. Introduction to shape and shape grammars[J]. Environment and planning B, 1980, 7（3）：343–351.

的造型语言，以生成与其品牌具有一致性的汽车造型[①]；在国内，浙江大学孙守迁教授等人利用形状文法对传统工艺品的造型进行了分析[②]；台湾庄明振教授利用形状溯源和衍生来对产品造型进行风格再现[③]。形状文法在造型与设计上的研究与应用主要有两个方面：一是对于现存或过去风格模式的分析、描述与归纳；二是再现原有的造型与设计风格，或是创生出新的、随机性的风格。

本质上，形状文法是属于结构模式识别（也称句法模式识别）的一种方法，常用于表述具有较复杂的结构特征，而一般数值特征又不能较充分描述与识别的对象。它将目标对象分解成若干个基本单元，称为基元，通过众多基元及其结构关系来表征对象，而基元和结构关系可以转换为用字符串与图来表示的"句子"，再运用形式语言的理论与技术对表示类别的句子进行句法分析，从而为模式识别提供文法上的判断依据。因此，实际上形状文法并不解释目标对象是什么，它解释的是构成目标对象的基元及其之间的结构关系。这在下面的例子中具有明确的表现。

琼·L.基尔希（Joan L. Kirch）和拉赛尔·A.基尔希（Russell A. Kirch）运用形状文法分析了著名的抽象派画家迪本科恩（Richard Diebenkorn）和胡安·米罗（Joan Miró）的绘画作品[④]。这篇发表于1988年的文章有一个吸引人的标题"运用计算机规则剖析绘画风格"（The Anatomy of Painting Style：Description with Computer Rules）。该研究认为（抽象）绘画风格的区分在于把握绘画中可塑（绘画）元素的详细知识以及画家独特的对于这些元素的组合技巧。研究的一部分分析了近140副迪本科恩的海洋公园系列作品（Ocean Park series），研究的重心放在了作品中高度相关的水平、垂直和对角线的组合特征之上，而有意抛开了色块及其所暗示的空间关系对于画家风格特征的作用，最后得到了42条线型的组合文法（规则），并用于重新生成了具有画家风格特色的新作品。这些规则（图2-6）都是针对如何细分（画板）区域而建立的，例如规则11描述了被标为R/S的区块（意指迪本科恩作品中的城郊部分——suburban part）如何被划分成一个W和一个递归的R区块；其后的规则12~14给出了替代可选的另外3种细分方法，其中规则14是不带递归细分的，它允许细分终止并接纳其他规则对细分出的W区块进行扩展。该文的作者认为这些规则是对

① McCormack J P, Cagan J, Vogel C M. Speaking the Buick language: capturing, understanding, and exploring brand identity with shape grammars[J]. Design studies, 2004, 25（1）: 1-29.

② 黄琦，孙守迁. 产品风格计算研究进展[J]. 计算机辅助设计与图形学学报，2006, 18（11）: 1629-1636.

③ 庄明振，邓建国. 造形溯衍模式应用与产品造形开发之探讨[J]. 工业设计（台湾），1995, 24（1）: 3-16.

④ Kirsch J L, Kirsch R A. The anatomy of painting style: Description with computer rules[J]. Leonardo, 1988: 437-444.

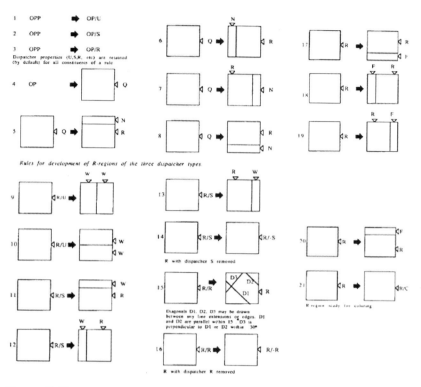

图2-6　海洋公园系列作品的形状文法（部分）

画面结构的简洁描述，通过这样的规则组合可以得到无穷的"绘画"作品。为了证明规则所表达的结构正是"海洋公园系列"背后隐藏的模式，作者展示了运用这些规则"复制"海洋公园第111号作品的过程，并且最后还通过随机规则组合生成了两副有着迪本科恩绘画风格的作品。

尽管规则本身简洁明晰，蕴含着有序，然而却不能从规则之中推导出背后的意义，正如这些规则并没有帮助我们对迪本科恩的作品理解得更深一样。但是必须承认，对于视觉现象的抽象及其运用是成功的，意义的获取与形式的表达在某种程度上可以是两个相对独立的过程，尽管形式的传播依赖于意义的赋予，但是形式本身作为意义的载体，其复杂性在一定程度上为意义的蕴含提供了空间。在机器生成和人为创作的作品之间，差别或许只在于观者的解读（图2-7）。

形状文法为计算机求解设计问题提供了一种"快刀斩乱麻"的简洁思路。通过对整体对象的元素拆解，再以规则化的组合逻辑重构整个"设计"过程，从而得到具有一定"秩序风格"的设计作品。这样的方法尽管回避了"意义"与"适应性"的问题，但高效而实用。

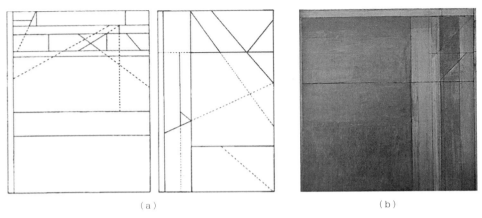

图2-7　用形状文法生成的作品与Ocean Park No.111
（a）两幅为规则生成作品；（b）彩色一幅为Ocean Park No.111作品

2. 设计的经验规则

　　对于事物的解读，关系到人们如何获得、储存、转换、运用以及沟通这些信息，而这构成了认知心理学（Cognitive psychology）的主要内容[①]。作为一个跨领域的心理学分支，模式识别也自然在认知心理学的研究范围，其主要涉及的是信息最初的获取与加工过程，包括：注意，从心理上关注一些刺激；知觉，解释感觉信息以形成有意义的资讯；模式识别，将一种刺激划归到某一已知的类型当中；记忆，即存储和提取认知的信息的过程。在这之后对记忆进行深加工可以适应更加复杂的认知情况，包括再认（recognition）、推理（reasoning）、问题解决（problem solving）、知识表征（knowledge representation）、语言（language）和决策（decision making）。在认知心理学的众多研究派别中，格式塔心理学（Gestalt Psychology）是与造型和设计最为相关的一个。这个1911年诞生于德国的学派，是现代认知心理学的主要流派之一，其"格式塔"在德文中意为"构造"或"形状"。虽然都有"形状"的意思，然而"格式塔"却与"形状文法"的理念完全相反，它基于这样一个核心假设，即心理现象不能还原成简单的元素，而是应该将它们进行整体上的研究和分析[②]。格式塔心理学家相信，观察者不是从经验中简单基本的感觉方面形成一种连贯一致的知觉，而是把经验的完整结构作为一个整体来加以理解。

　　如图2-8所示，就是基于这个假设的一个例子，图中（a）、（b）、（c）都使用了相同的元素——8条相同的线段。然而绝大多数人会对三种排列产生不同的经验：（a）会

[①]　Neisser U. Cognitive psychology[J]. New York：Appleton-Century-Crofts, 1967.
[②]　加洛蒂. 认知心理学（第三版）[M]. 吴国宏译. 西安：陕西师范大学出版社，2005，10（1），7.

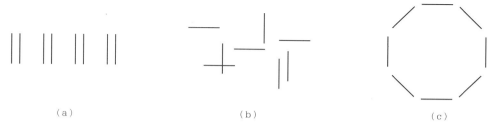

（a）　　　　　　　　　　（b）　　　　　　　　　　（c）

图2-8　格式塔图形样例

被看作是4对平行线；（b）会被认为是无规则排列；而（c）会被理解为一个近似的圆，或者更精确的——由8条线段组成的8边形。产生这样的认知经验在于线段的排列——即作为一个整体的各元素之间的关系——在起作用，而不是离散的各个元素。

　　格式塔心理学与形状文法在理念上的差异，本质上是由于关注对象的不同所导致的。后者关注的是基于元素组合间的结构文法应用于机器生成的问题；而前者以个体主观经验作为研究对象，着重关注人们是如何运用结构，并通过结构形成自己的经验的。

　　针对元素所构成的整体知觉现象，格式塔理论研究指出，知觉的形成不完全由刺激呈现本身所决定，观察者积极主动地参与是重要因素。知觉者是遵循特定的组织规律或原则以形成其对于知觉对象的解释。格式塔心理学家支持"整体不等同于其各部分之和"，认为观察者是通过将各个物体或单位作为一个整体来看待和辨识的，并给出了格式塔知觉组织原则（Gestalt principles of perceptual organization）[1]。

　　然而，所有的知觉组织原则遵循一个更为一般的法则——完形律（law of Pragnanz），即在所有用来解释呈现图形的可能方式中，观察者趋向于选择那些能产生最简单和最稳定形状和图形的方式。

　　格式塔理论对于图形或形状认知的解释简洁而优雅，在新近的视知觉领域研究中，格式塔知觉组织原则甚至被认为是非常基本的准则[2]，有学者针对3~6个月大的婴儿进行研究，以观察他们对于格式塔规则的运用[3]。对于格式塔完形律的认识也在加深，新的理论被称为最小模型理论（minimal model theory）[4]。尽管格式塔理论直观且吸引

① Koflka K. Principles of Gestalt psychology[J]. New York：Harcourt Brace & Company，1935. 211-306.

② Tarr M. J. Visual pattern recognition. In A. E. Kazdin，（Ed.），Encyclopedia of psychology. Washington，DC：American Psychological Association. 2000. 1-4.

③ Quinn P C，Bhatt R S，Brush D，et al. Development of form similarity as a Gestalt grouping principle in infancy[J]. Psychological science，2002，13（4）：320-328.

④ Feldman J. The role of objects in perceptual grouping[J]. Acta Psychologica，1999，102（2）：137-163.

人，但它仍没有完全解释清楚认知加工的机制[1]，并且存在着循环论证的风险，然而它还是受到了研究者的欢迎，并在类似于设计这样的交叉学科中得到了很好的运用。

在汽车造型领域，格式塔理论运用得比较成功的是关于汽车前脸造型设计的研究。平尼法利纳公司（Pininfarina）首席设计师路易·法莫什克曾说："汽车设计不仅仅强调车灯、前脸、尾部等局部的设计，更重要的是讲究整体美感。"这与格式塔所强调的整体认知是相符的。具体到前脸造型，"整体美感"是由头灯、与进气口、雾灯与下进气格栅等造型元素依照一种特殊的知觉组织关系而给观者带来的一种情感状态，而与造型的含义或外来概念无关，具体表现为"四图两线"间的组织关系变化[2]。那么，什么样的组织关系是好的设计呢？格式塔心理学家发现，整体感觉是观者的大脑皮层对外界刺激进行了积极组织的结果，而某些格式塔其内部视觉元素的组合在特定条件下符合最好和具有最大限度的简单明了性，因而使观者产生愉悦的感受，心理学家将这种格式塔组织形式称为"pragnanz"，可译为"简单，有意义的图形"或"简约合宜"。因此，符合"pragnanz"的前脸组织关系被认为是一种好的前脸设计，具体来说就是形态单元之间具有最好、最规则、最和谐的组织关系，能给人以简洁愉快之感。阿恩海姆就提出了与艺术相关的三种"形"：一是简单规则的格式塔；二是复杂而不统一的格式塔；三是复杂而又统一的格式塔。而一个成熟的格式塔是一个多样统一的"形"，它是艺术能力成熟的表现[3]。阿恩海姆对于艺术作品中"简单"与"复杂"的理解，是从形式的空间性、表现性和运动性等方面对于艺术的解读，并不涉及作品背后更深层的含义或隐喻，转换到汽车的前脸造型设计之中，可以通过构成整体的各个视觉元素是否具有简洁规则的形状，与视觉要素之间的关系是否组织清晰明确，这两个方面来判断造型的复杂度，而对这种处理形式的把握，是造型技巧成熟与否的一种体现。

正如前文提到的，格式塔理论对于整体认知加工的解释，存在一定的"以形式来说明形式"的自指性，因而有循环论证的风险——"好的设计是因为它好"。但是对于观察对象的"整体感受"却是直观而鲜明的，并且就组成对象的内部结构来看，各视觉元素依然遵循着可以描述并条理化的组织关系，因此在设计与艺术领域还是被普遍接受，成为一套行之有效的准则。

格式塔的研究说明，经验美感的产生并不完全依赖于对象背后的内涵意义，即可以单纯从形态的层次关系与组合规则来探讨形态美的问题。

---

[1] Pomerantz J R, Kubovy M. Perceptual organization: An overview[J]. Perceptual organization, 1981: 423-456.

[2] 陈凌雁. 基于格式塔理论的汽车前脸造型研究. 湖南大学硕士学位论文. 长沙：湖南大学, 2007: 21-27.

[3] 鲁道夫·阿恩海姆. 视觉思维：审美直觉心理学. 滕守尧译. 成都：四川人民出版社, 1998, 03（1）: 14.

2.2.3 设计的适应性与进化

传统的设计计算只能解决设计中有序部分的某些问题，而对随机部分的内容则无能为力。借助于复杂性问题的思维方式和计算机技术的发展，设计领域的研究者开始摆脱还原论的机械思维，开始用变化的眼光看待设计，将设计求解转换为适应性优化的"遗传"与"进化"过程。这样的方式不仅能快速获得解决方案，并且能对未知问题给出一些有效的解答。然而，要解决设计的适应性问题，仍然有许多的困难与局限性。

1. 设计研究思维的转变

对于设计的研究，从文艺复兴之时就包含"工具论"和"本体论"两个方面，即设计是手段还是目的。在"还原论"的影响下，设计作为一种人类改造世界的创造性活动工具被逐渐系统化、科学化的研究与应用，在产品造型设计领域，尤以乌尔姆造型学院（Hochschule für Gestaltung，Ulm）倡导的理性设计方法为代表。随着科学研究从关注自然规律到关注人为事物的转变，设计研究也开始关注设计本身，西蒙（H.Simon）在《人工科学：复杂性面面观》中提出设计是"人为事物的科学"，标志着设计作为"科学的"概念与方法被初步确立。西蒙所倡导的"设计科学"的思想，认为设计科学是一门关于设计过程和设计思维的知识性、分析性、经验性、形式化、学术性的理论体系[①]。设计研究也试图借鉴计算机技术以及管理理论，发展出系统化的设计问题求解方法，并以问题域与解域的模型表达设计的科学体系与方法，构建设计科学的领域独立性（domain independent），使其成为一门科学学科。然而进入20世纪70年代，设计的科学体系与方法受到了质疑，其中最主要的质疑在于设计活动的理性和非理性。由于设计研究的是人的行为与思维过程，用自然科学的研究范式来解决设计问题被认为是不合适的。矛盾集中反映在纯粹理性的设计方法及设计活动蕴含的理性与感性关系的冲突之上。作为设计研究倡导者之一的阿里克里斯托弗·亚历山大（Christopher Alexander）就曾提出"设计方法研究无用论"，认为科学逻辑框架与设计过程的差异是根本性和不可逾越的。然而这正是还原论指导下的科学研究在面对复杂性问题时不可避免的矛盾，因为"整体大于部分之和"。不能机械地依靠将经验知识从个体案例中提取出来去解决其他具体的设计问题，并且设计问题的定义并不明晰，也不存在最优解，难以用"公式"去计算，设计的解可以说是概率上的选择，因而设计不能被纳入某种单一知识框架。设计是一个复杂的适应性问题。

---

① 赵江洪，谭浩，谭征宇. 汽车造型设计：理论、研究与应用. 北京：北京理工大学出版社，2010，10（1）：10–18.

2. 适应性问题的求解方法

当从还原论的视角对设计问题进行研究陷入僵局时，遗传学和计算机理论的发展，为设计研究带来了全新的观点。自然界中，生物的遗传、进化和变异，以及在特定自然环境中为了生存竞争资源，这些关于"生存"与"适应"的问题很符合社会环境中一些具体问题的特点，也引起了计算机学家的强烈兴趣，一些学者开始关注机器的"生存本能"以及"进化和适应"的问题。20世纪60年代初，一些团体开始在计算机中进行进化实验，这些研究现在统称为进化计算（evolutionary computation）[①]。其中最为著名的是霍兰德及其同事进行的遗传算法（genetic algorithms，简称GA）研究。

关于计算机的进化计算，源于冯·诺依曼提出的"机器能否复制自身"的问题，冯·诺依曼对此给予了肯定的答案，并从数学上给出了证明[②]，而霍兰德受到费希尔的名著《自然选择的遗传理论》（The Genetical Theory of Natural Selection）的启发，开始关注"计算机程序是否能够产生适应性"的问题[③]，并在1975年发表了《自然和人工系统的适应》（Adaptation in Natural and Artificial Systems），其中列出了适应性的一些普遍原则，并提出了遗传算法的构想。

遗传算法的目标是通过程序的自动演化来给出特定问题的适应性解答。算法的输入包含两部分：候选的初始解决方案程序群体以及适应性函数。它的一般过程如下：

（1）生成候选方案的初始群体。例如，随机产生大量"个体"。

（2）计算当前群体中每个个体的适应度。

（3）选择一定数量适应度最高的个体作为下一代的父母。

（4）将选出的父母进行配对，重组产生后代，伴以一定的随机突变概率。产生的后代形成新一代群体，直到达到群体数量上限。新的群体成为当前群体。

（5）转到第2步继续。

看似简单的遗传算法很快被应用到各类科学和工程领域，解决了很多传统算法上很棘手的难题，其中就包括艺术、建筑和音乐领域：通用电气将GA用于飞行器的部分自动化设计；洛斯阿拉莫斯国家实验室的卫星图像分析用到GA；医药行业使用GA来辅助研发新药；金融机构用GA来识别交易欺诈、预测市场行为和优化投资组合；电影《指环王：王者归来》和《特洛伊》中都使用了GA来生成动画特效；巴黎蓬皮杜中心

① Fogel, D. B., Evolutionary Computation: The Fossil Record. New York: Wiley-IEEE Press, 1998.

② Neumann J, Burks A W. Theory of self-reproducing automata[J]. 1966.

③ Williams S. Unnatural Selection-Machines using genetic algorithms are better than humans at designing other machines[J]. Technology Review-Palm Coast, 2005, 108 (2): 54-59.

在20世纪90年代展出了一批通过互动式遗传算法创造的艺术作品[1]。

"让程序自己来给出问题的解答"，这样的想法很诱人。然而现在来看，遗传算法的思想并不神秘，其本质上是基于迭代试错的求解策略，而计算机的速度很好地解决了"试错"的效率问题。尽管核心思想简单明了，但是在针对不同领域具体问题的实现却仍然有很多难点。GA需要的两个输入就是最大的难点之一。

3. 设计适应性问题的特殊性

遗传算法的优势在于通过对生物进化过程的模拟而形成一套全局化的自适应概率搜索算法。而其中适应的关键或者说搜索的能力就在于适应度函数（Fitness Function）的选择。由于遗传算法在进化搜索过程中不主张使用对象的外部信息，仅以种群个体的适应度作为子代筛选的依据，以控制计算时间和效率；也正因为如此，遗传算法评价个体的好坏不依赖于解的内部结构与含义（适应度函数不等同于目标函数），而凸显出纯粹"优胜劣汰"的特点，使得算法本身具有广泛的适用性。因此，适应度函数是影响遗传算法复杂度的主要因素，它决定了算法搜索的收敛速度以及解的有效性和算法效率。

由于适应度函数在遗传算法中具有重要作用，因此在实际问题领域中，对它的选择存在很多限制性因素，使得问题求解变得比预想的复杂。一般而言，适应度函数（也称评价函数或评价因子）可由问题的目标函数变换得到，但对于类似造型问题这样的所谓"不良结构域"问题（ill-defined problems）[2]，目标函数往往难以构建；同时，为了算法的效率与有效性，适应度函数被期望是实函数，并且单值、连续，函数曲线在关键阶段不宜太陡或过于平缓，以规避遗传算法可能产生的欺骗问题[3]（第3章的研究将会看到设计求解的多样性）。

另一方面，对于设计问题来说，GA需要的初始解决方案也是一个很难把握的对象。设计问题的解，是一个完整而具体的方案，如果初始输入能给出完整解，相当于已将设计问题解决；而如果对初始输入抽象化，则涉及抽象规则与抽象粒度的问题。而遗传算法要求输入具有离散化、数字化的特征，这样才能为后续的交叉组合与变异提供条件，然而将高度整合的设计解决方案离散化、数字化，本身就是一个难题。

这些现实问题都在影响着造型设计的"遗传"与"进化"。在第3章的研究中，将通过实验的方法，尝试找到造型设计复杂性的原因；并在第4章中详细分析造型设计复杂性问题的求解方法。

① 梅拉妮·米歇尔. 复杂. 唐璐译. 长沙：湖南科学技术出版社，2011, 06 (1)：164.
② Cross N. The nature and nurture of design ability[J]. Design Studies, 1990, 11 (3)：127-140.
③ 刘英. 遗传算法中适应函数的研究[J]. 兰州工业高等专科学校学报，2006, 13 (3)：1-4.

2.2.4　小结

在这一节中分析了造型设计的复杂性具有有序与随机的两面，其中的一部分，可以通过如形状文法与格式塔理论的理性方法加以计算与求解。然而，解与目标背后的关联机制并不因为求解过程的具体可导而变得清晰明朗。计算的设计中包含着不可计算的成分，正是因为这些成分的存在，设计研究开始使用类似进化算法的、全局性搜索的解决策略来应对设计中的未知与随机。所有这些都是造型设计问题复杂性的反映，它不是要证明设计计算毫无作用，而是为了说明正确认识与处理造型设计问题的方式。

本章论点小结

本章内容主要是探讨造型设计的复杂性，这种复杂性不是日常口语中所谓的内容芜杂繁复，尽管那也是设计复杂的一部分。这里探讨的复杂是深藏在设计表象背后，源于设计本质中价值传播需求的复杂。它通过设计的内在结构与逻辑认知表达出来，而现代的复杂理论正是针对类似设计这样的交叉学科领域研究而发展起来的。

研究从直观的设计感的产生入手，分析了看似复杂的设计背后简洁而明确的设计策略与规则，指出了设计与信息规则之间的联系。目的是暂时跳脱设计含义映射的怪圈，以便更为直观地从信息传播的角度，分析设计活动求解及其价值判断。而设计问题的求解有着特殊的学科领域特点，设计问题通常没有明确定义，甚至在问题不清楚的情况下，通过设计活动反过来探求问题。因此，传统的基于还原论思想的科学方法，在对待如设计这样的复杂问题时变得力不从心。准确地讲，设计问题追求的不是解，而是设计的多样性与适应性，也构成了设计复杂性的本质。然而造型设计的复杂有其自身的特点，这表现在设计的有序与随机、计算与不可计算、进化与适应性等方面。通过对这些方面的研究，解析了设计问题中可以被分析，以及更多的难于被理性分析的部分，它反映了设计研究的深入程度。

本章在研究方法上主要通过案例和文献研究，分析了设计的信息内涵和复杂性，提出以复杂理论的观点来分析造型设计问题，并针对造型设计中各种问题求解方法分析了其优势与局限。通过阐明造型设计的复杂性及其各方面的问题，为后文研究的展开奠定了认知理解的基础，即造型设计在物质实在与意义映射背后，拥有其内在的由设计信息主导的复杂结构，这种结构反映的是设计对象本身的逻辑规则以及设计师的价值选择。对造型设计复杂性的认识也揭示了计算机辅助造型设计的前沿问题，将对造型的计算机理解、适应度函数的选择、造型进化的方向性等问题放到了设计研究的视野下。

在之后的章节中，本书尝试从造型的设计空间、结构关系、价值判断与设计可信等方面来剖析造型设计复杂性的深度，并尝试从智能化辅助的角度出发，将造型设计问题层次化，结合系统的输入与输出来探讨造型设计的深度及其可信与一致性等问题。

第 3 章

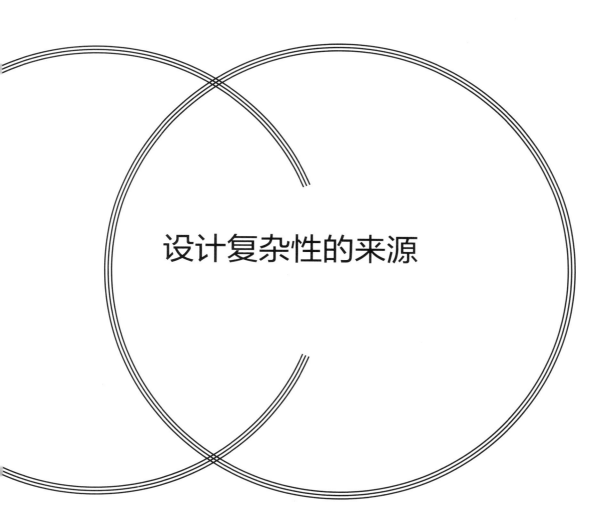

设计复杂性的来源

造型设计的信息内涵和复杂性决定了造型的外在形态是一种有美学意味的概念表达。在这里，概念的赋予完全依赖于设计师的经验知识与个体特性，而对概念的解读又需要基于用户的经验认知与个性化解释。设计师和用户对于造型对象的经验知识与经验认知是在长期的设计传播中，逐渐形成的对于造型的经验共性认知，具有一定的稳定性与普遍性，本书称之为造型设计的"共相性"；而设计师的个体特性与用户的个性化解释则是造型设计创造性的表现，它们没有统一的规律，常归结于灵感闪现，称之为"殊相性"。造型表达的共相与殊相正是其复杂性中有序与随机的一种反映，而对这两方面的研究能够加深对造型和设计求解策略的理解。

本章将主要通过两个设计实验分别对造型设计中的殊相（主观特性）与共相（经验共性）进行研究，目的是探究造型从设计概念到形态表达的转换过程中存在的，经验映射的结构关系以及创造性表达的设计空间问题。这些研究以造型的计算机理解为视角，是深入研究造型表达结构的基础，揭示了造型设计复杂性的来源。

3.1　设计中的殊相与共相

"知识有两种形式：不是直觉的，就是逻辑的；不是从想象得来的，就是从理智得来的；不是关于个体的，就是关于共相的；不是关于诸个别事物的，就是关于它们中间关系的；总之，知识所产生的不是意象，就是概念。"[①]

所谓直觉或直觉的知识（intuitive knowledge），在《美学原理》中认为它是"知的最初阶段的活动"，是"见到一个事物，心中只领会那事物的形象或意象，不假思索，不生分别，不审意义，不立名言"，是"一切知的基础"；而在其上"进一步确定它的意义，寻求它与其他事物的关系和分别，在它上面作推理的活动，所得的就是

---

① 克罗齐. 朱光潜译. 美学原理. 北京：商务印书馆，2012，11（1）：1.

概念（concept）或逻辑的知识（logical knowledge）"。

造型设计就是将这种直觉的意象或是逻辑的概念，通过实在的形态予以表现的学科。如若说这里面有什么知识的话，那必然是关于个人表达的殊相，和关于事物关系与认知理解的共相的知识。这里所说的殊相与共相是指从造型设计的意象（或概念）到实在的外观形态之间，所表现出来的认知上的差异与共同点。对于殊相的理解，指的是个人化的设计表达，既包含设计师的个性表达，又包括用户的认知理解。一般情况下，两者难以趋同，这是设计创造性的表现；而对于共相的理解，主要是指造型设计活动中所形成的经验性知识，类似于克罗齐所谓的"直觉知识"，它是在造型表达中为设计师与用户所普遍接受，相对一致的造型认知。尽管这种共相对设计师来说或许是天赋以及长年累月的专业训练所形成的，而用户则可能是经由设计传播的作用而逐渐习得的。

共相的表达无需考虑其背后的意义，它遵循一些普遍的概念与（美的）规则，正如2.2.2节中阿恩海姆所提出的美的三种"形"，它们无需借助内涵意义，是大家都能直觉感知到的。它不仅是潜意识层面的共性，还包含设计实践中培养起来的经验认知。

而殊相则更多是个人创新性的个例，是造型设计中更为重要的部分。它突破常规的理解，却仍然在概念（或意象）的定义之内，或者说殊相重新定义了设计的概念。殊相的存在颠覆了对于设计表达的习惯性认识，极大地丰富了设计的造型空间。

造型设计的共相是设计普遍被接受的基础，而殊相本质上是设计多样性的反映。两者共同形成了造型设计复杂性的根源，其中的内容与关系是本章研究的重点。

3.2 造型设计的殊相研究

造型设计的主要目标之一是对形态美的追求，本书称之为造型的美学属性（aesthetic properties）。对形态美的追求是一个"多向性"的造型空间，要理解"多向性"就需要首先明确"美学属性"与"造型空间"这两个概念。对于形态美的追求是多种多样的，研究将这些不同的追求统一为各种美学属性，而它的内涵则需要造型空间来予以表达。

所谓美学属性的多向性，主要针对两方面问题：

（1）传统造型语义将美学属性解读为一维语义的概念，而造型常呈现美学属性的多向性现象，本质上这是由设计的多样性决定的；

（2）计算机辅助（supporting）造型设计要更加深入，更加智能地从设计的目标对象出发，面向对象提供"对象属性"的辅助设计、造型评价和辅助决策的工具。因此，以对象属性来描述造型的美，有利于设计对象的理解与设计数据的计算机重用。

3.2.1 美学属性与造型空间

设计作为人类有目的的一种实践活动[①]，一直以来担负着改造世界和表达人类情感与理想的双重责任。而造型——外观形态，作为设计对象的外在表现是人们认识设计的直观窗口，也是工业设计最主要的研究对象。以面向对象的观点来看待造型设计上的美学追求，可将其表达为设计对象的美学属性，它源于造型设计沟通时所使用的一类特定术语[②]。美学属性通常构成一个集合，对设计对象进行较为精确的美学设定，常表现为语义词集合的形式：

$$AS = \{X_1, X_2, X_i \ldots X_n\}$$

式中　　AS——美学属性集合；
　　　　X_i——单一美学属性。

例如：AS = {商务，中庸，大气，优雅}。AS的作用不在于一个单纯的语义概念，而是为设计师或计算机提供一种面向对象的（object oriented）设计方法。在设计过程研究中，美学属性可被称作高层语义[③]；而在设计实践中，可称作概念语义。美学属性与造型意象有概念上的类似之处，但两者并不完全相同。正所谓"立象尽意"，意象是表层形态下蕴含的潜在意识原型，用来阐明造型设计的内涵主旨，以使消费者在接受造型设计之前就先接纳其所反映的客观对象或理念（在一些情况下，消费者还没有接受造型本身，却已先认同了其造型设计反映出来并已符号化的意象理念），其解释作用大于分析作用；而美学属性将造型问题进行分解，并将形态的表达解读为属性的集合，尝试在"不同于科学和人文的第三个领域"[④]中建立起较为清晰的逻辑结构和对象化实体，使其更具理解性和操作性。

值得注意的是，将造型的美学诉求归结为美学属性，是对设计问题的对象化重构，便于对外观形态的理性分析，进而通过计算机辅助来实现形态分析以及设计知识与设计案例的重用，对于智能化的计算机辅助设计具有重要意义。因此，本书采用美学属性来说明造型设计中的设计诉求。

在造型设计的前期，结合市场划分、功能限定和用户需求等多方面信息来综合确

---

① 赵江洪. 设计艺术的含义. 长沙：湖南大学出版社，2005：1-10.

② Chiara E. Catalano, Franca Giannini, Marina Monti. Towards an automatic semantic annotation of car aesthetics, Car Aesthetics Annotation, 2005：2-6.

③ 朱毅. 汽车造型语义研究与设计流程构建：湖南大学硕士学位论文. 长沙：湖南大学，2009：11-21.

④ 奈杰尔·克罗斯. 任文永，陈实译. 设计师式认知. 武汉：华中科技大学出版社，2013，04（1）：12-17.

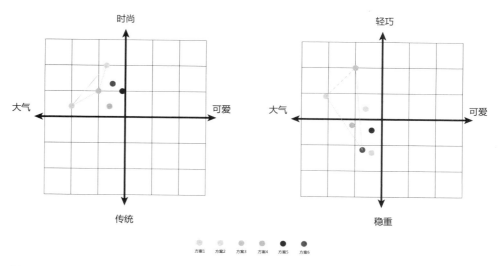

图3-1 语义量尺构成的意象尺度图

定设计目标所要包含的美学属性，从而为目标对象限定一个设计范围，这个范围细化之后，称为造型设计的空间。设计师会在空间中选取几个特殊点发展成设计方案的主题，进行具体的造型设计。为细化造型，传统上采用语义词构成的语义量尺来标示造型空间。造型空间通常为二维或三维空间，也存在多维空间，每个轴向上以一对量化的反义词对来标示，例如："曲——直"，每一对反义词构成一个感觉维度，奥斯古德将其称为语义量尺[①]，多个语义量尺构成审美感觉的多维空间，这种测量方法称之为"语义差异法"。

由语义量尺构成的造型空间可以对美学属性进行解释，以精确定位造型概念（图3-1）。从设计过程看，美学属性到造型空间的映射是对象化的关键，其背后隐含的映射逻辑正是设计师通过专业训练所要具备的经验能力。而从计算机的角度来考虑，这一映射逻辑正是造型解释的关键，是设计领域知识的核心，也是造型表达的基础，然而也是设计研究的难点。因此，本书聚焦美学属性的空间映射，采用简化的汽车造型模型，并将造型处理限定在一定的特征操作范围内，来探究美学属性的映射问题。

3.2.2 美学属性的映射实验

造型表达是一个对设计主题（design theme）反复发散与收敛的迭代过程。在多次迭代中，设计师就目标对象的美学属性进行定位，尝试对其给出个性化的解释。由

---

① CE Osgood, GJ Suci, PH Tannenbaum. The measurement of meaning. University of Illinois Press, 1957: 31–75.

于设计师所接受的专业训练，解释过程包含普遍的经验共性，但仍具有一定的主观特性，并受文化、潮流等影响[①]。经验共性保证了设计的接受度，但创造性蕴含于主观特性之中，而它们在美学属性的映射解释中必有其特殊之处。本书通过实验尝试挖掘映射过程中主观性表达的情况。实验将造型表达限定在基本的特征操作范围内，操作目标为简化的汽车造型正侧面图，研究对象是单一美学属性下造型表达的变化，从而揭示美学属性映射的某些特点。

1. 实验说明

造型的特征操作可分解为由hollow、crown、acceleration等基础操作组成的特征操作序列[②]。本书将这种基础特征操作称为元操作，并从中选出crown（上凸）、tension（张力）、acceleration（弧度变化速度）和lead in（光顺度）作为实验可使用的元操作，如图3-2所示，其操作定义如下：

（1）Crown：将曲线的一部分抬起，但不改变曲线起止点的位置。操作的程度与抬起的程度同向变化。

（2）Tension：曲线上的张力表现在曲率最高处，要增加曲线的张力有两种方式：一是曲线两端保持不变，使曲线中心部分"压平"；二是曲线中段保持不变，将曲线两端半径加大，即"拉平"曲线。

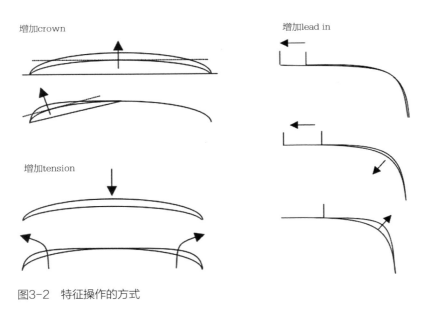

图3-2　特征操作的方式

① 朱慧，张宇东. 中国汽车造型本土化设计探究 [J]. 包装工程，2008，29（7）：139-139.
② Gerd Podehl, Universität Kaiserslautern. Terms and Measures for Styling Properties, International Design Conference, Dubrovnik, 2002: 4-7.

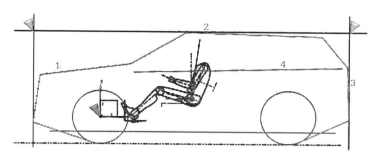

图3-3 实验初始模型

（3）Acceleration：描述曲线的曲率增加速度。以曲率变化值与曲率变化段的弧线长的比值作为弧度变化速度，正圆的弧度变化速度为0。

（4）Lead in：用来处理两条曲线相接的情况。要使连接光顺，有三种方式：一是保持混接曲线的延长段不变，使混接的起点靠前；二是缩短曲线延长段的长度同时使混接点前移；三是保持混接点位置不变，加大延长段的长度。

实验的操作对象为简化的SUV正侧面轮廓线。造型简化依据SUV车的基本硬点信息，包括：轴距、轮距、车长、车高、A柱端点、前后保险杆高、尾窗端点等，初始的实验模型在UG软件中构建，由上述硬点以直线连接而成，不包含造型处理，如图3-3所示。

2. 实验内容

实验要求在初始实验模型的基础上依据单一的美学属性要求进行造型设计。结果要求分两阶段输出，其属性要求的程度由弱到强。操作对象如图3-3所示的轮廓线条且操作手段只能使用如上节所述的4种元操作。在设计的两个输出阶段要求被试在如上所述的造型语义空间中使用5点语义量表对设计结果进行打分，用来评估造型认知时所获得的感觉量（achieved feeling）与造型设计的目标感觉量（target feeling）之间的匹配程度[1]。语义量尺所选用的词对来源于SUV的造型调研并由专家小组依据感性工学对于kansei words的要求选出[2]，包括：可爱—大气（cute-dignified）、传统—时尚（traditional-modern）、松弛—动感（loosen-dynamic）、稳固—流畅（solid-fluid）、繁复—简约（expanded-contracted）、轻巧—稳重（deft-steady）、柔弱—

① Luo Shi-jian, Fu Ye-tao, Pekka Korvenmaa. A preliminary study of perceptual matching for the evaluation of beverage bottle design. International Journal of Industrial Ergonomics 42（2012）: 221.
② Schütte, S. Integrating Kansei Engineering Methodology in Product Development. Linköping Studies in Science and Technology, Sweden, 2002: 61.

硬朗（feminine-masculine）。实验在UG软件环境下进行，以方便操作和记录。

3.2.3 实验结果分析与结论

1. 实验结果

    参与测试的是设计学院的一年级研究生，共18人，实验的两个阶段共收到有效设计样本27份。实验的目标是通过造型表达来探究美学属性到造型空间映射的主观性特点。实验中挑选单一美学属性即"商务"一词作为造型修改目标。为了定量分析方案之间在美学属性上的程度变化，需要一个能够在造型处理上区分方案差异程度的指标。研究关注不同语义量尺下的造型差异变化，再将7个语义量尺下的波动进行统计就可以计算方案变化的具体情况。因此，采用如下的公式来计算方案的差异度：

$$Dx = SUM(ABS(X_i - AVERAGE(X_0 : X_i)))$$

式中 Dx——当前方案差异度；

        SUM、ABS、AVERAGE——excel中的数学函数，其中X_i为当前方案在当前语义量尺下的得分。

        $AVERAGE(X_0 : X_i)$——所有方案在当前语义量尺下得分的算术均值，$ABS()$是取绝对值，$SUM()$为求和函数对全部7个量尺下的分值情况进行求和；

        Dx——计算的是个体方案相对于总体方案的变化程度，由此可以计算得到造型方案基于总体样本的造型变化程度（表3-1），部分方案排序后如图3-4。

    方案从左至右、从上到下总体差异度逐渐增大，总体方案在体量尺寸上没有明显差异，但在侧面顶型线上有较大区别，其次表现在窗型线上，可见"商务"感在这些特征的表达上存在波动。对所有方案在各语义量尺上的评分进行标准差分析后发现：在"传统—时尚"上标准差为1.04；在"稳固—流畅"和"轻巧—稳重"两个量尺上，标准差也达到0.92。对于5点量表来看，在这三个量尺上造型波动达到约20%，且高分

部分样本造型差异度   表3-1

方案	可爱—大气	传统—时尚	松弛—动感	稳固—流畅	繁复—简约	轻巧—稳重	柔弱—硬朗	总计
qiulei-1	0.07692307	0.38461538	0.30769230	0.7692307	0.7692307	0.2307692	0.1538461	2.6923076
qiulei-2	0.92307692	0.61538461	0.30769230	0.7692307	0.2307692	0.2307692	0.8461538	3.9230769
banjingjie-1	0.07692307	0.38461538	0.30769230	0.7692307	0.2307692	1.2307692	0.8461538	3.8461538
banjingjie-2	0.07692307	0.38461538	0.69230769	0.7692307	0.7692307	0.2307692	0.8461538	3.7692307
jsh-1	0.07692307	1.61538461	1.30769230	0.2307692	0.2307692	0.7692307	0.1538461	4.3846153
jsh-2	0.07692307	1.38461538	0.30769230	0.7692307	1.2307692	1.2307692	0.8461538	5.8461538

图3-4 样本差异度排序（从左至右、从上至下差异度增加）

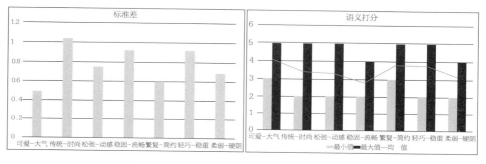

图3-5 语义量尺评分统计

值和低分值都占有相当的比重（图3-5），可知美学属性在该语义量尺上的解释出现相对的意见，且各占有一定比重。而在"可爱—大气"、"松弛—动感"、"繁复—简约"和"柔弱—硬朗"这四个语义量尺上，绝大多数标准差均不超过0.7，特别是在"可爱—大气"上，标准差不到0.5。

标准差的结果表明，对于满足单一的美学属性——商务，在由7个语义量尺组成的造型空间中，设计处理在多个量尺维度采取了方向较为一致的处理，（这些量尺维度包括：可爱—大气、繁复—简约、柔弱—硬朗），即在这些量尺上设计师对单一美学属性的解释存在普遍的经验共性，而在某些语义量尺上（传统—时尚、稳固—流畅、轻巧—稳重）造型处理有分散的现象，表现为在单一语义量尺上趋于两端分布，即预设的美学属性在该量尺上存在互为相反的解释，或者说"商务"这一美学属性在该量尺上表现出二向性，这是不同设计师在造型处理上的个性化表达所致。

2. 实验结论与探讨：美学属性的多向性

基于实验中"商务"这一美学属性，在量尺上表现出二向性的实验分析结论，可以揭示出美学属性的一个重要特点——多向性，即针对单一美学属性，在一定的造型空间中，其表现为多方向的收敛性。

多向性表明某一美学属性在造型空间中并不总是往一个语义方向收敛，在某些相

图3-6　越野型SUV（图片来源于新浪汽车频道）

对的语义量尺上，美学属性在两个方向上均可收敛，而这样的语义维度可存在多个。理解这一特点是对传统造型认知的深化，传统上认为造型要达到某一美学属性必然是向特定方向的收敛，特别是在相对的方向上，不应存在亦此亦彼的情况，然而实际造型设计中往往有许多突破"常识"的设计，在同一美学属性下衍生多种造型表达，这种情况在跨界车中表现明显，如图3-6所示，两款SUV都含有越野的美学属性，在造型上却有完全不同的诠释。左边的福特探险者线条方中带柔，形面简洁，凸显简约时尚的美式风格；而右边的Jeep牧马人热血硬派，线条干净有力，外形方正挺拔，彰显典型越野的纯正血统。两款车在"越野"这一感觉属性上就表现出了不同的方向性，即美学属性不仅是一个感觉程度的问题，它更是一个矢量，有着鲜明的方向性，且同一美学属性可以发展出不同的方向，甚至是在相对的方向上。可以有柔和、大气的"越野"；也可以有方正、硬派的"越野"。这就是说，在设计领域，单一的如"越野"这样的美学属性，并不是一个意义明确、绝对限定的概念。它不仅在语义上需要与其他语义词形成网络关联，来明确自身的位置与意义，而且在造型表达上也具有多方向发展的造型潜力，因而是多向的。之所以呈现美学属性的多向性，本质上是由设计的多样性决定的，设计不存在极值，而是一个多目标求解的过程[①]，造型问题可以从多角度来诠释，甚至是相对的角度，这也决定了美学属性不是一个单纯的语义值，而是在造型空间中呈现一个关联的网状结构，这个网状结构的复杂性和关联度，决定了造型设计的可能性与创造力，这也是美学属性多向性的本质意义所在。

　　值得指出的是，多向性与多义性是不同的概念。多义性是一个对象经过长年发展与积淀后形成的不同意义；多向性则更多强调的是对象发展的过程。而两者最根本的区别在于：一个对象如果是多义的，那它的多个意义之间不会是对立的（即不会互相

① Kalyanmoy Deb, Shubham Gupta, David Daum, Jürgen Branke, et al. Reliability-based optimization using evolutionary algorithms. IEEE Transactions on evolutionary computation, VOL.13, NO.5, 2009：1054.

形成反义），而一个对象如果是多向的，并不会阻碍它的个体在互为相反的方向上发展。多向性并不是一个概念在其强弱程度上的差别，而是概念实例在发展方向上的区别。一个概念需要借助于另一概念实体与其的关系才能进行解释说明，而这种关联关系正是多向性所强调的，它不是单一关联维度上的强弱问题，而是关联结构所表现出的方向性问题。回到图3-6中的例子，在造型上，左边福特探险者的"越野"就与"柔和"、"大气"产生了关联，因而形成了别具一格的"越野"风格；而右边Jeep牧马人的"越野"仍然坚持"方正"、"硬派"的传统联系，很好地延续了"越野"的纯正血统。两者"越野"所透露出的是不一样的理解和发展思路，尽管在体量、性能参数等大的层面仍然遵循着"越野"的共性基调，但骨子里却是完全不同，甚至截然相反的设计方向。

理解美学属性的多向性，可以帮助设计师在造型设计经验共性的基础上更好地把握设计概念定位，深入理解品牌造型基因，发挥设计师的主观特性，赋予造型个性化的诠释；在计算机辅助设计领域，美学属性所代表的"对象属性"是"面向对象"的造型认知与表达的基础，其多向性的映射特性准确还原了造型问题的多样性与创造性本质，使造型概念到造型表达的过程更为明确清晰，避免了计算机对造型的分析与表达落入机械映射的误区。

3.3　造型设计的共相研究

造型设计存在着有序与随机的两个方面，而造型设计的共相性，是从意象认知的美学属性到形态设计的造型空间的映射之中，所呈现出来的设计师的普遍经验共性，它是经由设计师长年累月的专业训练所形成的一种潜意识的映射逻辑，并通过设计传播被大众所接受，也是造型设计有序性的一种体现。

造型美学属性多向性的特点（3.2节）揭示了造型设计复杂性的一面，同时也表明了设计中多样性产生的途径，这使得从算法上求解造型设计问题出现诸多的难点。然而，在从美学属性到造型空间的千差万别的映射中，还存在着一种普遍的经验共性的映射逻辑，它是设计被普遍接受的基础。这种共相性认知在其他领域也普遍存在并被广泛研究，在心理学中称之为——原型（archetype）。

3.3.1　共相性与原型

原型（archetype）与集体无意识理论是由著名心理学家卡尔·古斯塔夫·荣格

提出来的。所谓"集体"是指"这部分无意识并非是个人的，而是普适性的，不同于个体心理的是，其内容与行为模式在所有地方与所有个体身上大体相同。"[①] 荣格将集体无意识的内容称为原始意象也即原型，意指一种本原的模型，其他相似的存在皆根据这种本原的模型发展而来。荣格的原型理论说明的是人类精神层面普适的心理意象，其最基本的特点是集体性、普遍性。而特征、类别、文化意蕴和功用是其系统结构[②]。在设计国际化的今天，从认知的角度研究造型的原型理论，探讨造型设计的共相性，对于思考产品形态的美学属性及其国际化和本土化等问题具有重要的启发与借鉴作用。

产品形态包含视觉属性和美学属性两个层面的信息，即特征形象和美学认知两方面[③]。造型设计的目标即是要通过对特征形象的操作达到美学认知的目的。汽车造型设计是一个"高技术－高情感"的复杂设计领域[④]，其造型所表达的美学属性并不是一个静态的概念，而是在设计活动的生产和消费的反复迭代中，生产者与消费者相互影响，共同作用，逐渐构建起对某一美学属性的共相性认知。这种统一的认知即与认知心理学上所谓的"原型"相类似。

然而，造型设计中的共相性不完全等同于原型的概念。荣格的原型，是就心理来说的一种反应倾向，并不依赖于个人的后天经验，是在漫长的历史演化过程中世代积累的人类祖先的经验，是个体始终意识不到的心理内容[⑤]。在其上发展起来的原型批评理论，强调从宏观上把文艺作品纳入到一个广阔、完整的结构中去寻找蕴含其中的普遍规律[⑥]。而共相性不仅是潜意识层面的共性，还包括实践中培养起来的经验认知，是个体能够经验得到（习得），并在集体之中具有稳定性与普遍性的。共相性的经验特点决定它是随时间演化，而呈现动态稳定的形式。

汽车造型的共相性是指，在长时间对汽车造型美学属性的表达与认知过程中，逐渐形成了表征一类造型的原型意象。一方面它通过实体性的"特征形象"来体现汽车造型设计中的比例、姿态等重要概念；另一方面它构筑起"语义性的层级"结构，为风格意象的表述、认知与表达提供工具。

对于特征形象层面，在认知心理学中认为事物的形态特征在人脑中是以离散的、碎片化的方式感知的，而认知行为则是对庞大的碎片数据进行搜索，形成某种集体性、

① 卡尔·古斯塔夫·荣格. 原型与集体无意识. 北京：国际文化出版公司，2011，5.
② 刘洋. 荣格原型理论的文化意蕴：黑龙江大学硕士学位论文. 哈尔滨：黑龙江大学，2009，5-12.
③ Knight T W. Transformations in Design: A Formal Approach to Stylistic Change and Innovation in the Visual Arts. London: Cambridge University Press, 1994, 32.
④ Zhao Jianghong, Wu Chao. Internet-based computer aided industrial design. China Mechanical Engineering, 1999, Vol.10 (Supplement): 53-54.
⑤ 叶浩生. 西方心理学的历史与体系. 北京：人民教育出版社，1998.324.
⑥ 刘世文，付飞亮. 文学艺术的本质：集体无意识和原型——论荣格的原型批评理论[J]. 重庆科技学院学报：社会科学版，2006（5）：56-59.

普遍性的心理意象。认知目标的匹配如同众多碎片集合而涌现出来的事件①。与这种认知模型相对应，在计算机领域中，彭蒂·卡内尔瓦提出了稀疏分布记忆算法的数学模型来模拟认知行为。本章研究认为这种离散的、碎片化的形态特征也是汽车造型共相性在形态特征层面的一个重要特点，这些碎片化的认知特征形成了一类车的造型原型。

另一方面，在语义层级结构上，认知语言学研究指出语义在形成认知上的连贯整体方面起着重要作用，语义帮助形成概念体系以及用于索引的设计主题，两者相互映射构成统一的连贯体，被称之为"形意配对体"（Phoneme-meaning Pairings），是人们对形态认知的基础②。语义将形态表达的意象抽象化为概念来快速激活心智上的链接③，链接的形成使造型特征的视觉相似性（vision similarity）与记忆中辅助定位（co-location of information）的视觉信息相互映射，实现事物的认知④。因此，作为共相性表达一部分的原型语义，一方面是对造型表达的美学属性的概念化，使之能够快速与形态特征相对应；另一方面，语义的一部分需要对美学属性的概念化进行描述与解释，以便驱动形态特征对美学属性的表达，也即指导造型设计。

3.3.2　共相认知与造型意象的区别

在《周易·系辞》中有"观物取象"、"立象以尽意"之说，这种造型与认知的双向影响现象在汽车造型设计领域表现得尤其突出。汽车造型设计过程中，经常以具体的客观形象作为设计创意的源头，例如白鹿具有智慧、灵动的意象特征，以白鹿的视觉特征出发进行的造型设计就是将这种意象属性通过形态特征的演化而转移到造型中。而共相认知是以原型为代表的设计概念与特征形象之间的一个双向心理过程，一个原型概念的提出会激活多个特征形象；而特征形象也是在一定的原型概念的范畴下进行组合、交叉与演变，并且由于这种概念与特征形象间的绑定关系是在长期的认知活动中形成，因而具有一定的稳定性和普适性。原型的概念也因此较意象更为具体，也更具有可操作性。

综上，对汽车造型共相认知的研究，可以使特征形象与美学属性的双重表达过程更加的明晰。其研究的内容主要是对实体的形态特征和美学属性的语义表达这两个层面的研究。

---

① Kevin Kelly. Out of Control: The New Biology of Machines, Social Systems, & the Economic World. New York: Basic books, 1995, 36.
② 兰盖克. 认知语法基础. 北京: 北京大学出版社, 2004, 279-312.
③ 王寅. 认知语言学. 上海: 上海外语教育出版社, 2007, 343-366.
④ Leibe B, Ettlin A, Schiele B. Learning semantic object parts for object categorization. Image and vision computing 26（2008）: 15-26.

3.3.3 汽车造型共相认知实验

汽车造型共相认知实验主要考察两方面目标：

（1）汽车造型中是否存在共相认知。

（2）造型的共相认知存在的形式。

研究以MPV车型为主要研究对象。参照国家汽车分类标准中对于乘用车的分类规范，实验从各大汽车网站选取22款车以及相关的评测文本做样本，车款的选择参考网站上的关注度，涵盖美系、欧系、日系和国产车，其中MPV车4款，SUV、中型车、小型车等其他各类型车共18款。另外选取来源于搜狐、新浪、汽车之家三个主流汽车评测网站的59个MPV车的造型评测文章，作为语义研究的样本。

1. 实验说明

实验假定存在汽车造型的共相性，即假设一个类别的车型在造型上存在共通的特征形象，它们的集合构成了该类车型的造型原型。实验的目标即通过车型辨别来检验假设成立的可能性。在假设基础上，分析是哪些因素构成了车型识别的依据，以及它们与共相认知的关系。

汽车造型形态研究中，视图是讨论风格问题的基准点[1]。在实验中，研究从前视、侧视与后视三个视角来测试，样本是以实车为底，按实际尺寸比例勾勒的轮廓和主特征图[2]，以控制品牌和细节特征对造型认知的干扰。18个汽车样本被分为4，6，8三组，并按前视，侧视和后视归类，每组中只有一个是MPV车，要求被试选出他心目中认为是MPV的那一辆并给出理由，同时需在图上标明判断的依据点，并给每辆车按4个等级评定其与MPV的相似度。被试均为设计学院在校学生，一共取得了99份实验样本。反馈回的数据整理后如表3-2所示。

认知实验数据整理表（部分）　　　　　表3-2

测试一	前视			侧视			后视		
组别	1-F1组	1-F2组	1-F3组	1-S1组	1-S2组	1-S3组	1-B1组	1-B2组	1-B3组
正确选出数	9	3	8	5	10	10	8	3	6

① Chiara E. Catalano, Franca Giannini, Marina Monti. Towards an automatic semantic annotation of car aesthetics, Car Aesthetics Annotation, 2005, 14.
② 赵丹华. 汽车造型特征的知识获取与表征：湖南大学硕士学位论文. 长沙：湖南大学，2007, 2-38.

续表

测试一	前视			侧视			后视		
选错车型	飞度/发现	逍客/Cross POLO/天语/福克斯	途观	飞度/发现	比亚迪S6	途观	发现	逍客/福克斯	汉兰达/奥迪Q5/高尔夫/雨燕
错误计数	1/1	5/1/1	3	4/2	1	1	3	7/1	2/1/1/1
正确识别率	0.81	0.27	0.72	0.45	0.9	0.9	0.72	0.27	0.54
视图识别率	0.6			0.75			0.51		

对汽车造型的语义研究的目标是为了从概念层面获得MPV车型的造型概貌。实验选取主流媒体的造型评测文章作为样本，对其中MPV造型特征形象相关的自然语言进行语义抽取以供语义分析。在从词类、外观和内室三方面的语义分析后得到MPV造型原型的美学属性，并将它与辨别实验中收集到的特征形态进行比较分析，以确定概念语义与形态特征间的关系。

2. 实验结果分析与结论

在车型的辨别实验中，每个视图组别中都包含样本个数为4、6、8的三个分组，且每组中只有一款是MPV车，其他干扰样本均选自与MPV接近的车型或跨界车型，实验结果的99份样本中MPV的辨识率在三个视图组别下分别为：前视60%；侧视75%；后视51%。这表明MPV在三个视图下都具有较明确的识别度，也即MPV在公众心里有较为明晰的认知形象。再将被试的关注点和其提交的识别依据聚类后[1]，得到了类别辨识率的统计结果，被分为了比例、空间、形态和功能4个类别，如图3-7所示。

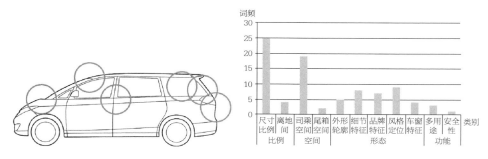

图3-7 辨识关注点（侧视）与类别辨识率统计

① 李然，赵江洪，谭浩. SUV汽车造型原型获取与表征[J]. 包装工程，2013，34（014），26-29.

其中比例和空间两个类别的识别率远高于形态和功能类别的辨识率。而在比例类别中，车的尺寸比例、离地间被普遍认为是车型识别的有效依据，其在三个视图中都有较好的表现；在侧视图和后视图中空间类别的判断依据起了主要作用，其中乘坐空间高度、司乘人数是主要识别依据，同时形态类别中也有个别因素在识别中起作用，如C柱后开窗。从关注点图中可以看到，在前视与后视图中，关注点主要围绕车的外轮廓，侧视中普遍集中于侧窗部分，这与前后视图主要依据比例判断车型，侧视图主要依赖空间判断的实验结果相符。如表3-3所示，列出了在各视图中起重要作用的识别因素。

辨识实验的结果表明，虽然MPV是多功能的跨界车型，但功能定位与造型风格因素却并不是其造型识别的主要因素；MPV在比例、空间与形态上形成了比较明确的美学认知，其中比例涉及的对象有轮距、轴距、前悬、后悬、离地间等；空间则包含司乘人数、头顶空间、储物空间等；形态所描述的内容受比例和空间的影响，如车窗大小、C柱位置等。

综上，MPV作为跨界车型在造型辨别上表现出较高的识别率，说明一定程度上存在统一的心理认知模型，这种模型并不突出表现在风格特征等细节层面，而是体现在比例、空间、形态等整体层面上，以离散的特征形态为元素，符合原型的概念，因此有理由相信汽车造型中MPV车型存在着一定程度的共相认知。

三视图MPV识别依据表　　　　　　　　　　表3-3

视图\类别	比例	空间	形态	功能
前视	宽高比、离地间	空间大	线条缓和、圆润、商务	
侧视	车身长、前悬短	后排空间高	品牌、饱满、车窗长、C柱后开窗	
后视	宽高比、离地间	后箱空间大	品牌、后窗大	多功能、安全性

语义研究部分采用的样本来自主流媒体的评测文章。采用了基于统计的面向设计对象的语义抽取方法[1]，将样本的自然语言通过规则化文本语言、语义词剥离和语义词聚类三个阶段抽取为结构化的语义形式[2]，如表3-4所示，以便进行统计。

---

[1] Ahmad S, Chase S C. Style representation in design grammars. Environment and Planning B: Planning and Design 2012, Vol.39, 486-500.

[2] 赵丹华，何人可，谭浩. 汽车品牌造型风格的语义获取与表达[J]. 包装工程，2013，34（010），27-30.

结构化语义形式　　　　　　　　　　表3-4

车型	价位	外观					
		描述短语			语义词		
		部件	功能	特征/基因	形容词	名词	动词
奔驰R级	69.8万~124.8万	流线型的LED日间行车灯，上挑的车身腰线，非常有特色的后视镜转向灯		夸张的盾形前进气栅，3条镀铬条	大气，时尚，硬朗，动感，流畅，粗犷，霸气	富有休闲气息，流线型	

形容词部分体现的是大众对于MPV造型特点的概念认知，而名词是概念的表征，与车型的目标定位直接相关。将词语聚类后主要分为如图3-8所示的7个类别，其中风格描述类占了绝大多数。在词频上，外观方面主要表现为：大气、时尚、动感、流畅等；而内室则是：舒适、实用、灵活、宽敞等；目标定位方面表现为：商务感、灵动空间、移动办公室、轿车感等。

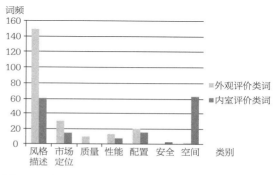

图3-8　类词频统计分布

语义研究从造型特点和目标定位两方面获得了MPV车的语义描述，从概念层面给出了MPV车的概貌，这在形态特征上并没有对造型构成严格的限定，而造型设计的目标正是在概念语义也即美学属性与具体形态特征处理之间构建映射。基娅拉·E·卡塔拉诺（Chiara E. Catalano）等人将汽车造型的美学问题分为volume、treatment和graphics三个层面[1]，认为造型的美学属性存在于volume层面，形态细节（graphics）的处理（treatment）是为表达这种美学属性。这与实验结果相似，MPV的语义描述与原型辨别中比例、空间和形态三方面所反映的形态特点相一致，例如流畅、大气对应形态上的线条缓和、饱满；宽敞、灵活对应比例与空间上的车身长、空间大等。这说明MPV的语义认知与其心理认知较为统一。

综上，通过MPV的认知实验发现对于汽车造型存在着较为统一的共相认知，它在形态特征方面表现为在比例、空间与形态上的一系列离散的形态元素所形成的原型；同时在语义上对这些元素有着较为一致的概念表述。

---

① Chiara E. Catalano, Franca Giannini, Marina Monti, et al. Towards an automatic semantic annotation of car aesthetics, Car Aesthetics Annotation, 2005, 8.

3. 小结

本节将心理学中的原型理论引入到汽车造型设计领域，通过认知实验探讨了共相认知在汽车造型设计领域存在的可能性以及存在的形式问题。认为共相认知主要体现在比例、空间、形态等整体的美学属性层面，并由离散的特征形态因素组成，这样的结构便于美学概念与特征形象之间的双重表达，并且这种灵活的关系结构随着认知活动的迭代与时间的推移，会逐渐的演化以保持对概念表达的准确性。共相认知在计算机辅助的汽车造型正向开发中具有重要作用，其符合造型的认知习惯，在造型设计前期的概念推演阶段能起到很好的设计辅助作用。

本章论点小结

本章主要探讨造型设计复杂性的来源。本质上，造型蕴含的内在设计信息需要通过对外在形态的认知解释才能被用户捕获，而造型设计对形态美的追求是最根本的设计诉求。因此，对造型设计形态美的分析，是研究造型设计的外在形态与内在结构之间表达关系的关键一环，也是设计复杂性产生的根源，这其中包括对造型表达的主观特性（殊相）与经验共性（共相）两方面的实验研究。

在对于形态美的分析中，为避免陷入形态意义的讨论而无法获得一个客观的形态认知，研究采取了计算机中"面向对象"的观点，将造型设计对于形态美的追求统一表述为造型的美学属性，并将其与造型意象的概念进行了区别。造型意象在于对造型进行主观解释，而美学属性的重点在于对造型表达的问题进行分解，将形态的表达解读为属性的集合，从而更具操作性与理解性。美学属性的一般形式为一组语义词的集合，从美学诉求上说，它们即造型所要传达的设计信息。然而，语义到形态之间还存在一层思维逻辑的转换，这层转换即设计的空间，称为造型空间。造型空间的构建是对美学属性的具体解释，从设计实践上看，造型意象到形态设计之间，需要美学属性与造型空间构成的解释映射关系来帮助设计师完成从"意"到"象"的思维转换。这种转换依设计师的经验个性而不同，而非一种固定的认知映射，是创造性的表现。而另一方面，在长期的设计实践中，设计师与用户都形成了对造型的经验共性认知，这种认知逐渐内化为设计的经验知识，最终反映到形态表达的某些方面上，以满足设计预期，形成较为稳定的设计表达和设计延续性。因此，探究美学属性在造型空间中的映射关系是揭示造型的设计意图与认知解释的关键，也是本章研究的关注点。

造型表达是一个主观能动的过程，设计师在专业训练中形成经验共性，并结合个人的主观特性对美学属性给出个性化的解释。经验共性的表达易于寻获和理解，而创造性更多蕴含于主观特性的诠释中，为捕获这种表达，研究采取设计实验的方式，要求被试以限定的基础设计表达手段，对单一美学属性给出不同程度的设计方案，以便分析实验结果中的表达差异。在传统观念或口语表达中，对某一美学属性的追求是一种线性状态，在某一属性上的造型表达似乎只是比较级之间的区别。然而对实验结果的分析发现，美学属性具有多向性的特点，即针对单一美学属性，在一定的造型空间中，其表现为多方向的收敛性。多向性的发现颠覆了传统设计认识的观念，本质上是对造型设计多样性的还原，是设计创造性和复杂性的表现，同时它也为计算机的设计求解与创新设计提供了理论支持。另一方面，对于一类特定的产品造型来说，存在着较为一致的共相认知，其背后正是造型设计的经验共性作用的结果，形成了造型设计领域的经验知识。为了验明这种经验知识的内容，研究以MPV汽车为对象，设计了一个共相认知实验，让被试从多组别和多角度的车型线框图中辨识MPV车；同时在语义层面上对样本MPV车型的造型语义词进行调研，将语义词与辨识实验中的形态特征结果进行对比分析，找到形态特征与美学属性的映射关系。实验结果说明，共相认知是一种普遍存在的整体认知，在汽车造型设计中主要表现在造型整体的美学属性层面，以相对离散的特征形态因素为表达。

造型美学属性的提出是理性分析造型设计的需要。以美学属性为造型目标，特征操作为手段的造型表达体系将感性、模糊的造型设计转换为对象化，可分析的过程。本章从造型表达的经验共性与主观特性两方面，指出了美学属性多向性特点，以及造型表达中的共相认知及其特征映射关系，说明了设计复杂性产生的根源，是对造型设计多样性本质的还原，使设计过程中的造型处理具有更加清晰明确的指向性，补充并扩展了造型空间的概念，为面向对象的造型设计过程分析与计算机辅助设计提供理论支持。

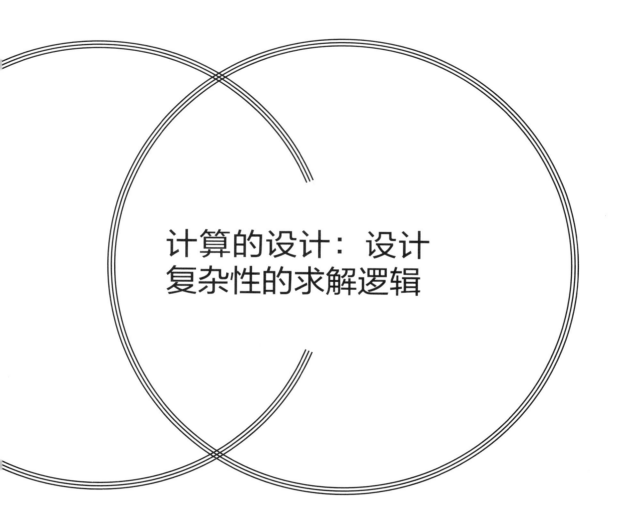

第 4 章

计算的设计：设计
复杂性的求解逻辑

造型设计是一个复杂对象，其复杂性的根源来自于造型概念表达中的共相与殊相，这其中既包含着有序的理性层面，又具有随机的感性因素，两者之间有着广泛的联系而形成一张高度聚集又普遍关联的网络图景。本章将首先分析这种网络特性，并以汽车造型设计为载体，通过复杂性的视角，详细分析造型设计问题的求解逻辑，尝试给出一种适合造型设计复杂性问题求解的、对象化的造型表达结构，以利于设计对象的认知理解与计算机辅助设计。

4.1　造型设计的网络特性

在"设计复杂性的计算"（2.2节）的分析中，讨论了计算机求解设计问题的基本思路与方法，对于设计中有序或经验规则的部分，可以通过类似形状文法和格式塔等方法予以解决。然而到设计的细节层面或是从整体概念到具体形态细节的转化过程，却缺乏有效的求解方法。尽管基于适应性观点的遗传算法的引入为这类问题的求解提供了新的思路，但算法的应用仍然存在巨大的挑战，阻碍主要源于复杂系统的典型特征——非线性与网络化。

4.1.1　目标抽象的困难与网络联系

造型设计的解是一个完整而具体的方案，形成了独立的系统。系统论的创立者贝塔朗菲（Bertalanffy）认为"系统"是指"相互作用着的多元素的复合体"[①]。系统学上认为一个系统要求各组成元素之间以及子系统之间的相互作用是相对于某一明确的特征而言的；并且其相互作用的强度要使系统在该特征上具有整体性。因此，一个具

---

① 许国志，顾基发，车宏安. 系统科学. 上海：上海科技教育出版社，2000，17.

体的系统可以理解为，就某一特征而言具有整体性的一组元素构成的集合。这样的系统具有层次性，某一系统（S_1）的要素可以是由另一组系统（S_2）构成，S_2相对于S_1来说更微观，两者处在不同层次。一般而言，不同层次的系统具有不同的运动形式，其内部具有不同的特征时间尺度和特征空间尺度[1]。即不同层次的系统具有独立性，可以进行相对独立的研究。系统有线性和非线性两类。简单而言，线性系统即常说的"整体等于部分之和"；对于非线性系统来说，其系统元素之间的相互作用不满足迭加原理，也即"整体不等于部分之和"或者"整体大于部分之和"。

遗传算法期望的输入是线性变化的离散系统，而美学属性的多向性说明（3.2节），产品造型的组成元素构成的却是一个复杂的非线性系统。这使得造型设计的解难于离散化，然而复杂系统的另一个普遍特征——网络化，使得通过遗传算法求解造型设计问题变得更加的困难。

网络科学研究是近年来复杂系统研究的热点，其中经典的是心理学家米尔格兰姆（Stanley Milgram）于1957年进行的一项实验[2]。米尔格兰姆招募了一批志愿者为他送信，投寄的目标是志愿者都不认识的人，投送目标的姓名、职位和所在城市信息被告知给志愿者。实验要求志愿者将信转交给他认为最有可能送达给目标并且是自己所认识的一位熟人，然后熟人再传给熟人，直到信被递交到目标手中。米尔格兰姆发现信件平均经过5个熟人即可送达收信者手中，这就是后来广为传道的"六度分隔（six degrees of separation）"理论。尽管心理学家柯兰菲尔德后来发现实验中的一些数据支撑并不充分[3]，但六度分隔理论还是传播开来，并在网络高度发展的今天引起了更多学者的关注与研究[4]。其中引发了21世纪初网络研究热潮的，是分别发表在《自然》和《科学》上的两篇文章：邓肯·瓦特（Duncan Watts）和斯托加茨的《'小世界网络'的集体动力学》[5]；以及巴拉巴西和艾伯特的《随机网络中标度的涌现》[6]。不同领域的学者都在积极参与"网络科学"的研究。数学家研究抽象网络结构的学科被称为"图论"；神经科学家研究神经网络；流行病学家研究疾病在人际间传播的网络；社会学家与社会心理学家研究社会网络。学者们期望找到解释自然、社会和技术网络的普

---

① 昝廷全. 复杂系统的一般数学框架（I）[J]. 应用数学和力学，1993，14（4）：367-375.

② Milgram S. The small world problem[J]. Psychology today, 1967, 2（1）: 60-67.

③ Kleinfeld J. Could it be a big world after all? The six degrees of separation myth[J]. Society, April, 2002, 12: 5-2.

④ Kleinfeld J S. Six degrees of separation: urban myth?[J]. Psychology Today, 2002, 35（2）.

⑤ Watts D J, Strogatz S H. Collective dynamics of 'small-world' networks[J]. nature, 1998, 393（6684）: 440-442.

⑥ Barabási A L, Albert R. Emergence of scaling in random networks[J]. science, 1999, 286（5439）: 509-512.

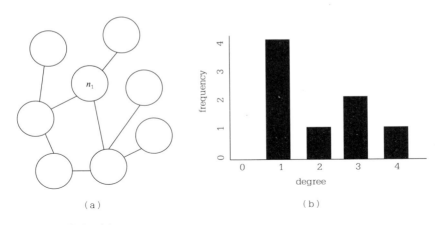

图4-1 网络度示例

适原理，并相信"网络思维将渗透到人类活动和人类思想的一切领域"[1]。

　　网络研究中的一些基本概念如图4-1所示。一个网络是由边连接在一起的节点组成的集合。节点对应网络中的个体（根据不同领域，节点对应了不同对象），边则是个体之间的关联。其中节点构成的内部联系紧密、外部较松散的群体被称为集群（clustering）。进出一个节点的边的数量称为这个节点的度（degree）。如图4-1中n_1节点的度为3。瓦特和斯托加茨从具有60个节点的最简单的规则网络开始研究，如图4-2中（a）所示，每个节点与相邻两个节点相连构成一个环。瓦特和斯托加茨用平均路径长度来度量网络的小世界程度：

$$L = N/2k$$

式中　　L——平均路径长度；

　　　　N——节点数量；

　　　　k——各节点的连接度。

　　因此，图4-2的（a）中的平均路径长度是15。当对规则网络稍加改动，将其中3条边随机重连，则得到了如图4-2所示（b）的网络，两个网络的边数量一样，但（b）的平均路径长度降到了9左右[2]。瓦特和斯托加茨发现，节点数量越多，随机重连导致的平均路径缩短的效应越明显，"不管网络的规模多大，前5个随机重连会将平均路径长度平均减少一半"[3]。这就是小世界性，即使长程连接相对较少，在平均连接度不变的情况下，两个节点之间的最短路径长度（跨越的边的数量）会随网络大小n呈对数增长或更低。

① Watts D J. The "new" science of networks[J]. Annual review of sociology, 2004: 243–270.

② Newman, M. E. J., Moore, C., & Watts, D. J., *Mean-field solution of the small-world network model*. Physical Review Letters, 84, 1999, pp. 3201–3204.

③ Watts D J. Six degrees: The science of a connected age[M]. WW Norton & Company, 2004. 89.

小世界网络表现出的特点是高度的集群性、不均衡的度分布以及中心节点结构。

瓦特和斯托加茨认为现实中的复杂网络是一种介于规则网络和随机网络之间的小世界网络（图4-3），其中有趣的例子包括"凯文贝肯游戏"[①]与"埃尔德什数"[②]。研究表明自然、社会和技术演化产生

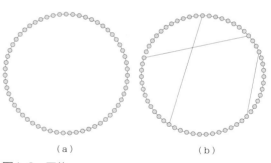

图4-2　网络
（a）规则网络；（b）3条边随机重连后的小世界网络

的许多生物、群体和产品似乎都具有这种结构。小世界网络的特点使得它具有稳健性，部分节点的破坏并不会对整个网络的运作有明显影响；但稳健性的代价是如果有多个长程连接交汇的中心节点遭到破坏，整个网络将会面临崩溃。有研究认为至少有两种互相矛盾的选择压力导致了小世界网络的普遍存在：在系统内快速传播信息的需要；以及产生和维持可靠的远程连接的高成本。

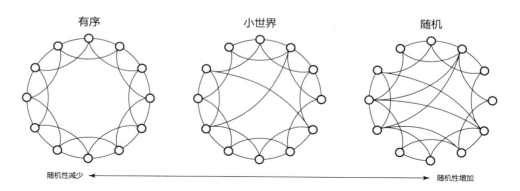

图4-3　随机性增加导致网络结构的变化情况

4.1.2　造型设计网络度实验

在造型设计系统中是否存在网络联系，是造型设计网络度实验的研究目标。造型设计的各个元素之间必然存在着关联，这种关联所构成的网络关系使得造型设计的计算机求解具有一些特殊性。为了探究这种网络联系的结构，本研究以汽车造型设计为例，组织了一个小样本实验。

① Reynolds P. The oracle of bacon[J]. Retrieved Jan, 1999, 10：2000.
② 汪小帆，李翔，陈关荣. 复杂网络理论及其应用[M]. 清华大学出版社有限公司，2006.6-7.

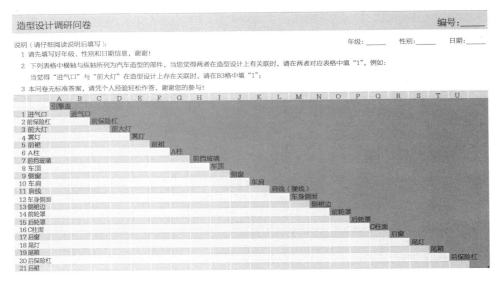

图4-4 实验问卷设计

　　实验以汽车造型为研究对象，采用问卷形式进行，被试者是设计专业的研究生和博士生。问卷的主要内容是找出汽车造型设计中有关联的造型元素。依据汽车造型设计的特征及其形面关系，实验选取了22个汽车造型的主要设计元素[1]，组建成"关联度三角矩阵"。当某一横向元素与某一纵向元素被认为在造型设计中存在关联因素时，即在两元素交叉对应的矩阵格中填写且只填1，无关联时不填写。实验提供汽车造型原型的特征及其形面表征图作为造型元素的参考，问卷作答完全依赖被试个人的设计经验（图4-4）。

　　实验共收到38份有效问卷，其中男生22人，女生16人，博士生占26%。造型元素间有关联被记为1，元素与其自身被视为自关联也记为1，为方便问卷作答，问卷设计时将自关联项移除，并且为了避免重复，只保留了矩阵的一半。在做数据统计时将自关联项还原，并补全矩阵（补全部分记为0），便得到了22×22的关联度矩阵。对所有样本求和并取均值后，进行分层聚类分析得到如图4-5所示的聚类结果。如图4-5（a）中可以看到，在组间距离为17时，造型元素被分为了4类，因此将预期分类数设为4，进行K-均值聚类后得到图4-5（b）的聚类中心，其中4个类别分别以A柱、车身侧面、尾灯以及进气口为聚类中心。可见汽车造型元素在关联度上有集群的现象，而集群的中心也正是汽车设计中比较关注的重点。

　　如果将22个造型元素视为网络中的节点，将有关联的元素间用边连起来，可以勾画出汽车造型设计元素的网络图。对所有样本求和后取均值，将均值大于0.6以上的视

---

① 梁峭，赵江洪. 汽车造型特征与特征面[J]. 装饰，2013（11）：87-88.

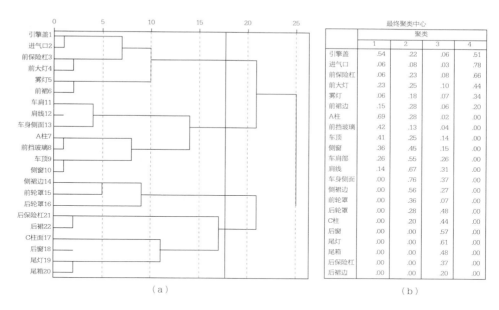

| 最终聚类中心 | | | |
| | 聚类 | | |
	1	2	3	4
引擎盖	.54	.22	.06	.51
进气口	.06	.08	.03	.78
前保险杠	.06	.23	.08	.66
前大灯	.23	.25	.10	.44
雾灯	.06	.18	.07	.34
前裙边	.15	.28	.06	.20
A柱	.69	.28	.02	.00
前挡玻璃	.42	.13	.04	.00
车顶	.41	.25	.14	.00
侧窗	.36	.45	.15	.00
车肩部	.26	.55	.26	.00
肩线	.14	.67	.31	.00
车身侧面	.00	.76	.37	.00
侧裙边	.00	.56	.27	.00
前轮罩	.00	.36	.07	.00
后轮罩	.00	.28	.48	.00
C柱	.00	.20	.44	.00
后窗	.00	.00	.57	.00
尾灯	.00	.00	.61	.00
尾箱	.00	.00	.48	.00
后保险杠	.00	.00	.37	.00
后裙边	.00	.00	.20	.00

（a）　　　　　　　　　　　　　　　　　（b）

图4-5　造型元素
（a）造型元素组间聚类树状图；（b）分类数为4的造型元素K-均值聚类中心

为有关联（60%以上的被视认为该元素间有关联），则构成如图4-6所示的网络。从图中可以很清晰地看到，造型元素聚拢成了4个集群，并且集群之间都有少量长程连接沟通，形成了典型的"小世界网络"结构。小世界网络最显著的特点是大大降低了网络中节点间的平均路径长度，在造型中这意味着无论造型元素间是否有直接关联，它们都会通过较少的中间元素而在造型上联系起来，形成一个整体；这种网络结构所具有的稳健性在造型设计中表现为：某一风格特征通

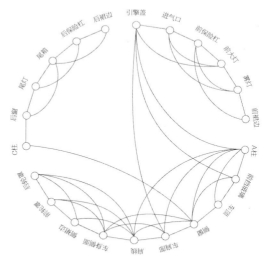

图4-6　汽车造型元素网络图

过多个造型元素而得到表达与呼应，因而个别元素的设计改变并不一定对整体的特征或风格产生颠覆性影响，然而若是核心元素的改变，则可能对整体造型产生重大影响。

　　造型元素网络度表明，那些具有"长程"连接的点是具有中心节点属性的，这在造型设计中意味着它们通常是设计时重点考虑的对象，它们的设计改变将会影响到整个造型的许多方面。例如，对C柱造型的改变会直接影响到车尾部这一造型集群的设

计，同时又会对侧窗造型乃至整个侧面的设计产生重大影响。这就是说如果中心节点的设计不合理，整个造型风格将会遭到破坏，甚至是瓦解；但如果对中心节点及其相关元素的处理得当的话，则有可能形成造型风格的突变，掀背造型就是一个例子。

4.1.3　网络特性对设计求解的影响

造型设计是在某一具体风格特征上，形成整体性的一组元素构成的系统，具有明显的非线性与网络结构。因而在考虑造型问题时，问题分解的策略难以奏效，设计对象难以被细分，造型元素间的关系也错综复杂，个体元素的改变会广泛影响到其他元素，甚至是对整体造型产生破坏性的后果。这就要求我们在进行设计求解时，要深入到对象内部，充分了解元素间的关系，并且把握住重点元素，理解设计关系。这些正是设计教育所要培养的能力，也是设计领域的专业知识，同样也是计算机难于掌握的内容和求解设计问题时所要注意的重点。

造型设计的非线性与网络特性给计算机求解造型设计问题带来了很多阻碍，实验中，汽车造型的解是在造型元素间形成的广泛关联的网络关系而构成的复杂整体，这使得尝试通过类似遗传算法的方式对设计问题进行"交叉"和"变异"时变得难以控制。因此，在计算机求解造型设计问题时，希望通过强大的计算能力，随机的组合造型元素，并通过一定的筛选机制，而获得适应于某一方面要求的设计解的思路，在现阶段的技术条件下仍然存在很大的困难。想要完全回避造型元素及其内部关系，"暴力"地破解设计问题是难以发挥成效的。挖掘造型设计中共相与殊相间的联系，明确造型元素及其结构关系，是计算机求解造型设计难以回避的问题，也是理解设计的基础。

4.2　造型对象的结构关系

复杂性理论主张从简单的个体元素及其组织关系来研究复杂系统的整体行为，并且认为个体元素间的信息交换和反应模式，是产生系统整体层面复杂性的根源。在造型设计中，造型对象作为设计考量的最终体现，具有高度的复杂性，从整体上展现出非线性的设计追求，而组织元素间的相互关联又呈现网络化的关系。因此，从造型对象内部把握元素间的结构关系，是从整体上理解造型的基础，也是构建计算机求解逻辑的关键。

为了将这种内隐的知识系统化，并构建出适合计算机处理和重用的逻辑框架，主要有两点重要的工作：以汽车造型来说，首先需要做的是获取明确和隐含的对于汽车造型美学属性产生作用的造型元素，并对其进行结构化的梳理，使其适合计算机的模型框架和处理方式；其次是定义一个系统框架使得计算机能够运用这些元素和关系来处理造型问题。针对这两个问题，本节将从设计与计算机的双重角度，对汽车造型设计活动进行研究，以把握决定形态表达的造型元素及其结构关系，为汽车造型设计逻辑框架的构建提供基础。

4.2.1　造型元素

作为一种结构，产品对象的造型元素之间存在一定的模式或稳定性，这是设计有序而理性的一面所决定的，也是设计师的经验共性积累的结果。第3章的实验研究说明了这种基于经验共性的设计知识及其创造性的表达过程，即对于特定对象的造型表达存在一种普遍的共相认知，其主要表现在造型整体的美学属性层面，以相对离散的特征形态因素为表达，在此基础上，设计师对于美学属性的个性化表达，以及用户对于造型的个性化解释，是设计创新的表现。从特征形态到美学属性的表达之间，造型元素可谓多种多样，然而以复杂性的观点来看，元素之间应该相互独立，又具有充分的信息交换，而且要能在设计对象的整体结构上形成层次化的组织关系。因此，本节将造型元素划分为"特征"、"形面"和"图式"三个部分。

"特征"与"形面"是"自然"生发的概念，它们源于长期设计实践中的经验认知，是设计分析中有效的经验工具；而"图式"的提出源于认知心理学和交互设计的经验知识，然而在造型设计中它也客观存在并起到设计理解的作用。这些概念对应着设计思维中的不同考量，并在设计过程中形成一个连贯的层次关系。

1. 造型的特征

在对造型的分析中，特征是一个"人工"与计算机都普遍采用的概念。人类与生俱来分辨事物的能力，在认知心理学中，这属于知觉研究的范畴，其中的核心课题之一就是模式识别。认知心理学中的模式是指一组刺激或刺激特征组成的一个有空间和（或）时间结构的整体[①]。其中，特征分析理论（feature analysis theory）将这些模式分解或还原成原本的特征，并认为人脑中各种模式是以它们分解后得到的一系列特征的形式来表征的；而模式识别的过程就是抽取当前刺激的各方面特征，然后与记忆中的各种模式的特征进行比较，以找到最佳的（至少是主观上最满意的）匹配。然而对于特征的定义，认知心理学上却没有给出明确清晰的回答，即使是同一个客观对象（如字母），不同学者对其拆解得到的特征组合也不尽相同。特征的这种模糊性在不同

---

① 邵志芳. 认知心理学：理论、实验和应用. 上海：上海教育出版社，2013，05（2），66.

领域都有体现。在形态学上，陈超萃（Chiu-Shui Chan）认为特征是形成风格情境的基本单元①；而工程制造领域则将特征视为各种制造信息的集合体。虽然不具备严格意义上的特征定义，其可操作性也存在诸多疑问，但特征的概念还是被广泛接受并应用于各个领域。

在造型设计领域，特征（feature或character）是就形态实体而言的，主要指形态独特或显著的部分（Any of the distinct parts of），可以说是作为标志性的、区别性的、可辨识的显著形态特点②。尽管在造型上特征所具有的独特性与显著性似乎一目了然，不言而喻，然而它的模糊性依然明显，以汽车造型为例，对其造型特征的分析往往是与构成造型的工程部件实体结合在一起的，多数特征名称也与车身零部件名称一致，例如前引擎盖、前大灯、尾灯等。这是因为一个特征往往与一个或多个工程零件相关而形成一个完整的整体，因此用部件名称指代该特征更易于定位；更为重要的是，造型特征是一类在造型辨识性上具有显著特点的造型元素的集合。所以，一个造型特征不是静态"固定不变"的，它所指代的是一类有着相对稳定的造型构成的造型元素所形成的"动态组合"。在不同的车上，名称相同的特征往往有着不同的表现形式，也就是对特征的调整可以形成不同的风格。有学者将此称为特征的不同"行为"表现，指的就是造型特征的这种动态模糊性。

除了大多数与工程实体联系在一起的造型特征以外，也存在着完全出于造型风格考虑的造型特征，如腰线就是这样的例子。它并不对应着某个或某些具体的工程零部件，而完全是从造型需要的角度从车身外板上"硬拉出来"的造型线条，并且它的存在也有着相对稳定的造型构成，成为汽车造型整体上显著的造型特征。与此类似的还有宝马的"双肾型"格栅，萨博的"贝壳型"引擎盖，以及"班戈尾"等，这些造型特征比腰线要更加"固定化"，带着强烈的品牌标识性与设计师的个人风格特点，可以说这样的造型特征已经超脱出整体造型风格之上，成了独特的标识性符号③。

2. 造型的形面

汽车造型设计是一个复杂的曲面造型问题，虽然特征的抽象表达具有良好的操作性，也包含了大量的造型信息，但造型的形面依然是造型信息最丰富的部分。形面的光顺度、比例、走势和光流都是设计师在做造型设计时密切关注的问题，但由于其抽象表征的高难度以及缺乏良好的可操作性，对形面的相关研究一直难以展开。

① Chiu-Shui Chan. Can style be measured? Design Studies, 21（2000），277-291.
② 赵丹华. 汽车造型特征的知识获取与表征：湖南大学硕士学位论文. 长沙：湖南大学，2007，14-15.
③ 张文泉. 辨物居方，明分使群——汽车造型品牌基因表征、遗传和变异：湖南大学博士学位论文. 长沙：湖南大学，2012，113-115.

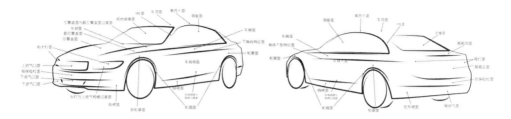

图4-7 汽车造型特征面

如同特征具有模糊性一样，对于具有造型特征的形面，也很难给出一个准确的定义。研究从特征形态、几何结构、造型信息三方面给出了汽车造型特征面的定义[1]，认为汽车造型特征面是汽车车身上一系列具有显著形态特点的形面，主要由造型特征线分割而成，是设计师对造型处理的结果，包含着设计师的领域知识；特征面是与整车造型相关的造型实体（区别于虚拟的特征线），多与实体部件相关（如车顶面、尾箱面），具有特定的结构约束与形态内涵；在整车造型的层次结构中，特征面处于特征线与特征体的中间过渡层面，是造型信息最为丰富的一层（图4-7）。

3. 造型的图式

图式（graphics），也称之为图形，原本是指通过"图形"、"格式"等形成认知完形的概念。然而从造型本身来看，图式并不仅指一种达成认知完形的方法或形式规则，它具有客观存在的对象，并在整体的造型中具有作用。图式本身是由一些独立的造型元素组成，但在造型语义上具有一种线索或补充的作用，这与格式塔的知觉组织原则有一点类似，当观察者认知了图式之后，便能由此进一步理解整体造型风格或是与之相关的造型特征元素。静态地看，图式是一些独立的造型元素，通常在造型上并不占据主导地位，但有时能成为理解造型的一个入口，引导着观察者的视线；动态地看，图式是观察者与（造型）对象之间交互的引导元素，使整个（造型理解）交互过程更加的流畅，交互体验更加一致。

以汽车的车型为类别，基娅拉等人根据车型对于造型的要求区分出了不同类型汽车所具有的一些通用性的图式元素[2]，如表4-1所示，其中多是一些功能性或附加性的部件。单独看各个图式似乎很难理解它会与造型产生多大关系，然而把它放到整车的角色之中时，就会发现这些不太起眼的元素仍然对整体造型风格有着重要影响。以铝合金车圈为例，试想一辆奢华的跑车，性能拔群，造型桀骜不驯，配备的却是一个做

[1] 梁峭，赵江洪. 汽车造型特征与特征面[J]. 装饰，2013（11）：87-88.
[2] Chiara E. Catalano, Franca Giannini, Marina Monti. Towards an automatic semantic annotation of car aesthetics, Car Aesthetics Annotation, 2005, 12-13.

工扎实，但造型却平淡无奇的旅行车的轮圈，这就如同着一身紧身运动衣的运动员却穿着一双皮鞋一样显得不协调。一个与整体风格一致的图式，往往会隐藏于主体风格之下，初看时观察者很难觉察到它的存在，而当注意力集中到其上时又会发现它将整体风格凸显出来，甚至引导着观者的视线。

车型	图式元素
轿车	铝合金车圈（一体式的轮辋与轮罩）
跑车	扰流板、侧裙边、车门、襟翼、铝合金车圈、翻滚架、进气口（引擎盖，车门）、保险杠护角、格栅
城市型车	铝合金车圈
旅行车	顶梁
箱式货车	顶梁、滑动门
SUV	保险杠防撞条、顶梁、铝合金车圈
全路况车型	铝合金车圈、悬挂式车轮轮毂与毂盖、粗壮的保险杆（前、后围）、车灯保险杆、防翻架、前格栅、进气口（引擎盖，前、后围，车顶）、侧防护、扰流板、侧踏板、侧裙边、挡泥板、门碰档、顶梁

不同车型下的通用图式元素　　　　　　　　　　　　　表4-1

需要指出的是，图式还包括材质与色彩，因为一些在视觉上可见的造型元素并不一定由实体的形面或部件构成，通过材质与色彩的对比也可以构建一些视觉的造型元素。

4.2.2　认知结构关系

造型元素的提出是结构分析的基础，从复杂系统的角度来说，组成元素与整体系统之间是信息不对称的，即个体元素无法获知其对整体系统的影响。在造型对象中，即是说，不能脱离整体去理解个体元素的意义。因此，单独分析个体元素是难以达成对造型的整体理解的，只有把它们关联起来分析，才能获得系统整体层面的意义。元素之间的信息交换、行为反应和层次关系是认知结构的重点。

本节在特征、形面和图式三大元素的基础上，分析它们在设计活动中所反应的设计思维、相互作用和表达关系，达到对造型对象整体的理解，为造型求解框架提供结构基础。

1. 抽象基础

人对事物的认知是构筑在特征与模式之上的。因此，无论从人还是计算机的角度，事物抽象都是对象表达的基础。由于造型对象所具有的非线性和网络化的特点，将对象离散化，构筑特征模式的抽象思路变得难以适用。面对复杂对象，必须从复杂系统的整体角度来考虑元素间的关系，从而找到元素间的特征关系。因此，在造型设计中，寻找特征及其表现关系，成为造型表达的抽象基础。

特征的目标是——识别。造型特征离不开整体的造型风格，特征是依赖于造型整体而存在，因为特征是为了造型整体获得识别。不同造型特征所引起的注意程度以及视觉反馈是不一样的。对典型三厢轿车的造型特征所做的眼部跟踪观察实验发现[1]，汽车整体造型以及前端的造型特征最为引人关注，并且在不同视角下，所关注的点也不一样，如表4-2所示。

汽车造型特征识别重点　　　　　　　　　　表4-2

视角	关注点
造型整体	车身比例 车身圆弧变化 车身颜色
前视	前大灯样式 进气格栅样式 引擎盖曲面
侧视	侧门形式 侧面轮廓线走势
后视	尾灯形式

表中的这些点是人在观察汽车造型时最为关注的部分，不同特征对整体造型的作用也不尽相同，有的侧重于表现车身比例，而其他多数以展现风格样式为主。基娅拉等人发现车的美学特征主要受车型分类的影响，即汽车的整体造型风格主要由车的类型决定[2]，车型又主要由整体比例和一些特殊的比值所决定，他将这类比例问题归结为volume。而第3章的实验发现，这类volume问题主要反应在4个方面，比例、空间、形态和功能，其中比例与空间是识别的重点。实验的结果表明汽车造型在比例、空间与形态等整体层面上形成了比较明确而统一的认知模型，并以离散的特征形态为元素，而网络度实验表明，这些离散的特征形态实际上彼此有着广泛的连接，并通过少数关键特征的关联而构成一个网络整体，其中比例与空间决定了整体造型风格，并对形态

---

① 黄琦. 基于产品风格认知模型的计算机辅助概念设计技术的研究：浙江大学博士学位论文. 杭州：浙江大学，2005，42-52.

② Chiara E. Catalano, Franca Giannini, Marina Monti, et al. Towards an automatic semantic annotation of car aesthetics, Car Aesthetics Annotation, 2005, 8-9.

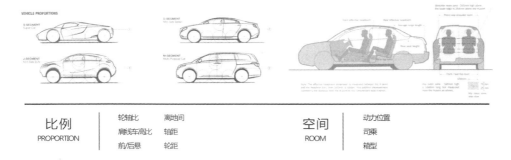

<table>
<tr><td>比例
PROPORTION</td><td>轮轴比
肩线车高比
前后悬</td><td>离地间
轴距
轮距</td><td>空间
ROOM</td><td>动力位置
司乘
箱型</td></tr>
</table>

图4-8　与体量相关的造型元素示例

产生约束，本书将特征的这种关系特点归结为"体量"（图4-8），与基娅拉等人提出的volume相对应。

　　特征的这种认知关系使得它特别适合用于整体造型的分析，因而产生了一类抽象分析的工具——特征线。

　　在结合汽车草图分析、数字建模以及特征线认知实验的基础上，赵丹华博士提出了汽车造型的20条造型特征线。如图4-9所示，这些特征线主要包括顶端线（crown line）、造型线（form line）和区域线（area line）3种类型[1]，是在汽车造型上普遍存在的特征线形。由于其与整体造型的关系又分为主特征线、过渡特征线和附加特征线。汽车造型特征线的提取使造型信息的抽象表达有了一个具体可操作的载体。虽然单条的特征线通常不足以传达整体造型的美学属性信息，但多条特定的特征线所形成的比例关系就能决定一辆车的主要风格特征。基娅拉等人就将这种线称为aesthetic key

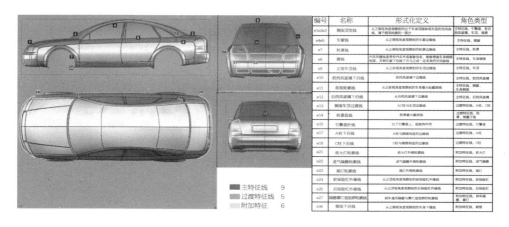

编号	名称	形式化定义	角色类型
e1e2e3	侧围顶围线	从正视角度观察时的位于车身围体造型的空间曲线，属于侧面围的一部分	主特征线、引擎盖、前后
e4e5	车窗线	从侧视角度观察时的车窗边缘线	主特征线、侧窗
e7	轮罩线	从正侧视角度观察时的轮罩边缘线	主特征线、轮罩
e8	腰线	汽车的腰线是带有汽车外观意象的信息，腰线带形车身侧围，在侧车窗下方约成一定夹角的空间曲线	主特征线、车身侧围
e9	正视车顶线	从正视角度观察时的车顶边缘线	主特征线、车顶
e10	前档风玻璃下沿线	前档风玻璃下边缘线	主特征线、前档风玻璃
e11	前视轮廓线	从正视角度观察时的车身前大轮廓围线	主特征线、侧围、
e12	后档风玻璃下沿线	从侧视角度观察时的后档边缘线	主特征线、后档风玻璃
e13	侧围车顶过渡线	A柱与车顶边缘线	过渡特征线、A柱、C柱
e14	轮罩弧线	轮罩最大弧线	过渡特征线、轮罩
e15	引擎盖折线	位于引擎盖上，起装饰作用	过渡特征线、引擎盖
e17	A柱下沿线	A柱与侧围相连的边缘线	过渡特征线、A柱
e18	C柱下沿线	C柱与侧围相连的边缘线	过渡特征线、C柱
e21	前大灯轮廓线	前大灯外侧轮廓线	附加特征线、前大灯
e22	进气隔栅轮廓线	进气隔栅外侧轮廓线	附加特征线、进气隔栅
e23	尾灯轮廓线	尾灯外视轮廓线	附加特征线、尾灯
e24	前保险杠外缘线	从正视角度观察时的保险杠外缘线	附加特征线、前保险杠
e25	后保险杠外缘线	从正视角度观察时的保险杠相关线	附加特征线、后保险杠
e27	隔栅围造型轮廓线	倒车通风隔栅了算打造型轮廓线	附加特征线、倒车隔栅
e36	侧围下沿线	从正视角度观察时的车身下接线	附加特征线、裙围

主特征线　9
过渡特征线　5
附加特征　6

图4-9　汽车造型特征线定义

① 廖伟. 造型面特征分析——计算机辅助工业设计（CAID）中特征造型技术研究：北京理工大学硕士学位论文. 北京：北京理工大学，2001，14-19.

lines，并认为它们承载了大部分的整车风格的美学属性信息。

综上，在汽车造型的整体层面上，研究认为是体量决定了造型的整体美学属性信息，它们主要反映在比例与空间两个方面，其中包含大量离散的特征形态因素，这些因素可由特征线的方式进行抽象表达和操作化处理，成为造型美学属性的载体，也即造型表达的抽象基础。

2. 上层表达

在特征抽象的基础之上，造型的细节信息需要得到直观而有说服力的表达，以塑造角色风格，完成造型的实体化，称之为上层表达。形面，即上层表达的载体，它们是造型认知的实在界面，相较于特征抽象，它们包含了完整的造型信息，因而更加的具象化，也更难于分析。

在设计师的领域知识中，从特征到形面的过渡，并不完全是几何层级或对象级别的跨越，形面在很大程度上依赖于对特征线的理解，在概念发散阶段也是用特征线的形式表征面的造型感觉（草图）。在处理建模问题时，设计师首先考虑的是形面的划分，即如何对整体造型进行（面的）分块。设计师关心形面的比例关系，面上以及多个面之间的走势变化，还有由此产生的面上光流的光顺程度等细节问题，这些都使得建模时形面划分变得至关重要。一个经验丰富的设计师在模型构建之初，会依据整车体量对模型各硬点尺寸与坐标位置进行准确校对与定位；在完成定位之后，设计师会依据草图设定，在各个视图中构建主特征线，以进一步确定如轴距、轮距、离地间隙等体量关系，从而得到一个完整的整体框架；在此基础上便可依据已有的主特征线来构建车身的大面，即通常所说的"四围一顶"，因为这些面具有比较好的完整性，形面走势整体缓和均匀，边界也多为主特征线所确定，从而易于构建，更为重要的是，它们共同确定了车身整体的造型风格，细节特征依赖于这些大面的确立；在完成大面的构建后，便可在其上刻画细节特征，如车灯、格栅、分缝线等，这部分工作主要是完善造型特征，调整形面细节，如同在一个姿态已经确定的粗胚上雕刻塑像的五官、手足等细节，以给雕像赋予神韵，这极大地考验着设计师的细心与耐心，是耗时最多的一个步骤（建模过程，图4-10）。

从建模的过程可以看到，主要的造型形面是由主特征线所确定的，主特征线通常构成了主特征面的边线，而形面内部保持着连续而缓和的趋势变化。细节特征依附于主特征面，往往是在主形面上破除出一块区域，以重新构建这一特征区域与周围形面的造型关系。因此，虽然形面蕴含了丰富的造型实体信息，然而决定造型风格的关键特征仍然集中在形面交界处，表现为或真实或虚拟的特征线，而本质上，特征线反应的是形面间的关系构成。

这种特征线所表现出来的形态、走势、疏密和曲直成了造型风格认知的重要工

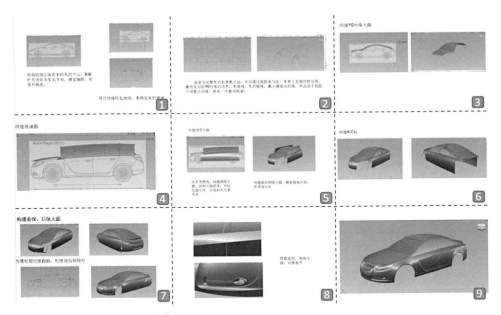

图4-10　汽车造型建模过程[119]

具；而形面的启承转折、凹凸起伏则更依赖于光影、触觉等实体反馈，为造型风格的认知提供了更为丰富而具体的感知通道。因此，对形面的理解要联系其与周围形面的关系来综合看待，而凸显造型风格的特征正是形面关系的体现。

依据线与面的关系，又可将造型曲线分为轮廓（profile）和角色线（character line）两类[1]，反映线对形面的处理（treatment）。轮廓主要指的是车的轮廓线上各个部分组成的集合，如侧视图中的车顶线（roof line）和轴距线（wheelbase line），它们通常是设计师最先画出的造型曲线，不仅决定了整车的硬点数据（packaging），而且也初步限定了整车的造型风格，而前挡风玻璃线（windshield line）不仅跟造型风格有关，还影响到车的空气动力性能，从工程到设计两方面对整车的风格和性能参数产生影响；角色线指的是影响汽车造型角色的所有现实和虚拟的曲线。腰线（waist line）和肩线（accent line）即属于这类，其中腰线是车身和车窗材料变化所形成的分界线。而肩线是一条虚拟的线，它反映的是车身曲面曲率变化而形成的反射光变化的分界线。肩线也可以做成实体造型线以表达强烈的风格效果。腰线与肩线经常形成呼应关系，使整个车身侧曲面层次分明、特征明确，以表达整车的造型风格，凸显整车具有的角色特点（造型曲线分类，图4-11）。

可见，无论是特征线、轮廓还是角色线，当从2D纸面转向3D实体的分析时，线的

---

① Chiara E. Catalano, Franca Giannini, Marina Monti. Towards an automatic semantic annotation of car aesthetics, Car Aesthetics Annotation, 2005, 6.

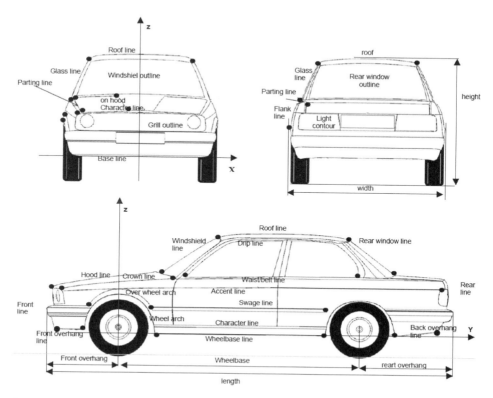

图4-11　造型曲线分类

属性便扩展到面的层级来思考与分析造型问题。单一的前挡玻璃线不足以影响气动性能，但设计师通过这根线的倾角与曲率使人联想到的不仅是造型美的问题，还通过将线延展成面来分析对空气阻力的影响；虚拟的肩线则更加反映了设计师对形面的深入理解，光影在车身曲面上的变化被抽象成线形表现出来，并通过曲面造型来进行强化。类似的例子不仅限于造型设计领域，在工程分析领域也用造型断面的包络线来分析曲面的强度与空间关系。

　　综上，线与面在设计师的知识体系中并不是两个完全独立的对象，它们是造型设计的不同阶段以及设计对象不同层面信息的聚合体。前者是后者的构成基础与抽象表达，而后者是前者的上层形式与现实反映，两者是有机而统一的。因此，在造型形面的分析中，线是表达形面的工具，也是用来思考形面问题的分析工具；特征线所反映的造型特征实质上是形面关系构成的表达；汽车形面是一个有机的统一体，不存在独立、单一的造型形面；形面通过造型特征线的不同造型手法（treatment）而得以控制[1]。

————————

[1]　赵丹华. 汽车造型的设计意图和认知解释：湖南大学博士学位论文. 长沙：湖南大学，2013，41.

3. 交互完形

特征线是造型分析的虚拟工具，从整体上确定了造型的体量与风格趋势，且是形面造型的基础；形面则是特征的实体化，形面关系是特征的本质。然而在特征线与形面之间还存在着叫"图式"的一类元素，它们并不是造型风格的必要条件，但它们的存在使造型语言更加丰富或是更易于理解，使造型交互认知趋于完形。

在微型电动车的造型设计项目中，一款方案的造型设计就利用了扰流板和车窗的造型，以及玻璃与金属材质的对比来形成一个向上飞出的箭头的图式（图4-12）。这一图式既体现出微型电动车活泼俏皮、动力十足的特点，其大小和位置又如同一条摆动的尾巴，呼应了整车设计以"布老虎"为意象的造型主题。观者如果把握了这一图式的线索作用，就不难领悟到整车造型所要传达的设计信息。

图式的完形作用在于抓住观者的视线，引导其对造型的认知，然而这种动态的完形作用在交互设计领域有更直接的体现。以交互界面来说，界面设计除了要呈现用户所需的内容以外，更为重要的一个目标就是要引导用户如何快速、准确地获取自己所需的信息。在互联网的情境下，内容与引导性是一个很难平衡的问题，因为页面间的链接成本几乎为零，导致用户在页面平均停留的时间非常短，当用户在页面上不能快速获得所需的信息时，他会选择离开，所以界面在内容与引导性上需要达到一个微妙的平衡。在"grassroots ideation"（草根创意）项目中，系统平台的交互设计面临着一个特殊的情况，整个平台是在一个大型的改装设备上，采用触控方式进行交互，展现产品造型的3D细节。由于触控交互缺乏鼠标指针的线索指引作用，无法事前提示操作结果，因此实时的交互反馈变得非常必要。界面在设计上加入了大量简洁的图式，并以交互动画的方式响应用户的每一步操作，同时又不过度增加系统负担，以达到实时反馈的目的，减少误操作。如图4-13所示，列出部分图式的交互实例。

在交互设计领域，图式可以充分利用时间维度来与用户进行沟通，因而可以达到很好地交互完形作用，使原本复杂的认知过程变得轻松而又准确无误，甚至是出乎意料地易于理解。而在造型设计领域，图式则主要通过造型元素形成的静态的视

图4-12 以"布老虎"为造型意象，带有"箭头"图式的微型电动车

图4-13　图式的交互引导实例

觉刺激，来强化对造型特征的完形和风格的理解。虽然目前通常的造型还不能随着时间而产生变化，但在一些前沿的领域已经开始进行尝试，如电动车的体验设计，汽车内室的人机交互，光线的运用，车身材质的特殊应用等，这些手段都在使设计对象更易于为人所理解，同时也在努力地理解人，使设计对象与人之间建立起双向的互动。

4.3　造型设计的逻辑深度框架

在上一节中分析了汽车造型设计中的元素及其认知结构关系，这些概念元素是造型设计复杂性问题求解的核心。本节将借用复杂性科学中"逻辑深度"的概念来梳理这些元素，形成造型设计的求解逻辑框架。其主要目的在于阐明理解造型复杂性问题的方式，展现造型复杂性的"深度"，为系统应用提供设计求解工具。

4.3.1　逻辑深度的概念

逻辑深度（logical depth），原本是一种复杂性的度量方法，它区别于其他度量方法，将价值量度作为其考虑的核心，认为价值潜藏于系统内部看似随机的结构逻辑之中，对于接收方（即分析者）想要获得其价值，则必须耗费相当的金钱、时间或计算，而这正是系统复杂性也即其价值的体现。

为了更符合对复杂性的直观认知，即复杂性的存在对于人具有价值意义，数学家本内特（Charles H.Bennett）在20世纪80年代提出了对于复杂性的一种价值度量方法，其目的是度量信息的有用性。信息的价值在于"其中所谓潜藏的冗余，即可预测但同时具有一定难度的部分，对于这些内容，接收方在原则上自己能弄明白，只是需要耗费相当的金钱、时间或计算"①。本内特将这种价值量度称为逻辑深度。一个事物的逻辑深度是对构造这个事物的困难程度的度量。这一概念进一步将对事物复杂性的物理度量上升到价值度量的哲学意义层面。如果要用A、C、G、T构建一个有序的或随机的序列都很容易做到，而要构建一个能生成某种生物的基因序列就相当困难了。逻辑深度很好地解决了有序与随机在复杂性上的关系问题，并且对于一般事物的复杂性具有价值意义，"对于音乐、诗歌、科学理论或纵横字谜，只有当它们既不太隐秘而不可解，也不太浅显而无趣，而是介于两者之间时，它们才会给解读者带来乐趣"②。对于精确求解逻辑深度，本内特将事物的构造转换成事物编码，例如基因对于生物的编码，将这个编码转换成二进制的0/1序列之后，再编写一个图灵机用于将这个序列"打印"出来，而图灵机打印所需的时间步则是该事物的逻辑深度。对某一对象具体的逻辑深度值的求解仍然存在很大困难，但逻辑深度的概念使人们更易于理解事物复杂性的价值以及内在关系的意义，本内特就认为自然的发展是增加逻辑深度的计算，从而解释生物的进化为什么是变得越来越复杂而不是向简单进化。

而所谓造型设计的逻辑深度正是借用这一概念来表征造型设计对象的价值，并认为造型的纯粹价值就蕴藏于其表象之下的概念元素所形成的逻辑结构之中，设计师为达到这种价值在造型上耗费了大量的思考与推敲，而消费者则在造型所形成的逻辑深度之中寻求着价值，并为其认可的价值付出金钱。因此，造型设计的逻辑深度是对造型对象逻辑结构的一种抽象表征，其基础是蕴含于设计对象之中的，人的逻辑思考与加工，因而也是设计价值的体现。而将计算机求解造型设计的逻辑框架称之为逻辑深度的框架，则是为了突出造型元素间的层次关系，及其在对应表达关系中的作用。

4.3.2　逻辑深度框架

造型元素及其认知结构关系的分析，为造型逻辑深度的框架提供了基础。在造型的整体层面上，特征线形成的特征表达决定了造型的总体体量与整体美学属性信息；在细节层面，形面的关系表达完成了造型特征的实体化，并掌控着整车造型的角色风格信息；而在造型理解的层面上，图式成为衔接虚实关系，引领认知交互的媒介。

从框架的结构来看，三者是一个有机的整体，特征线既是形面构成的基础，又是形面关系的表达对象；而形面是特征实体化的结果，是造型表达的最终目标；图式则是在前两者基础上形成的符号化、概念化的造型认知元素，虚实结合的统一体，是造

---

① Charles H. Bennett, "Logical Depth and Physical Complexity," in The Universal Turing Machine: A Half-Century Survey. Rolf Herken. Oxford: Oxford University Press, 1988, 209-210.
② 詹姆斯·格雷克. 高博译. 信息简史. 北京：人民邮电出版社，2013，12（1），346.

型从物理实体层面到心理交互层面的桥梁。

而从计算机处理的角度看，三者形成了很好的层次处理关系。特征线是整个造型的抽象基础，它不仅包含整车的体量与美学属性信息，而且是形面构建与控制的手段；而形面是设计对象实体信息的聚合，反映着造型处理的关系演变以及由此带来的感官变化，是造型的上层表达；而图式成为造型处理中的一个活跃因素，它既是协调形面关系的造型元素之一，又是为造型赋予意义的一种手段，成为设计交互的核心元素。三者构成了造型表达与计算机处理的统一体，即所谓的造型设计的逻辑深度框架（图4-14）。

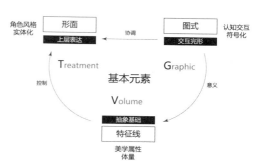

图4-14　造型设计逻辑深度框架

4.3.3　面向系统应用的求解框架

在实际汽车造型设计项目中，一辆新车的设计主要受到三个方面的一系列指标（或因素）的约束：目标市场、特定的工程约束以及来自设计方面的美学因素的考虑[①]。对于造型设计部分来说，当面对新的产品造型时，设计师习惯于先评估已有的产品造型，从内部和外部的资料库中快速地获得设计目标的关联信息和数字模型，以从中获取灵感、寻找已取得成功的、并能重用的解决方案与设计流程。关于这一点，从苹果手机对于智能手机的重新定义中就可见一斑。自从苹果推出iPhone手机取得巨大成功之后，智能手机造型的基本框架就被确定了。不同品牌之间，造型的差别虽然没有消失，但变得微小，通常从细节之处体现。如果与功能机时代的造型做比较，就会发现智能手机在造型上具有显而易见的一致性与共相性（图4-15）。这种情况的出现一方面是迅速增长的网络内容和CAD工具的广泛使用，所产生的大量数字化数据所导致的（设计资料从来没有像现在这样唾手可得），成功案例的重用能够有效降低设计开发的成本与风险；另一方面在对数据的收集过程中，设计师提取了使造型获得成功的美学因素，这能帮助设计师更好地掌握造型知识和更有效地设计符合特定风格要求的造型，从而大大减少造型开发的时间和成本。因此，造型对象内在的、共相化的逻辑结构知识为设计重用提供了基础，加快了设计进化的积累过程，是设计领域已普遍使

① Chiara E. Catalano, Franca Giannini, Marina Monti. Towards an automatic semantic annotation of car aesthetics, Car Aesthetics Annotation, 2005, 4.

Apple Iphone 6   Samsung Galaxy S5   Motorola V70

图4-15　智能手机与功能机造型对比（图片来源：百度图片）

用但不自觉的经验知识。

若能将这种经验知识跟造型表达与计算处理相统一，那么计算机理解与求解造型就将成为可能。造型共相认知实验（第3章）发现，这种对汽车造型的共相认知集中在造型的体量上，并由离散的特征形态因素作支撑。这种相对灵活的认知结构能够很好地与造型设计的逻辑深度框架中的元素相对应，并且这种认知随着设计活动的迭代和时间的推移会逐渐的演化，以保持对于造型表达的准确性。造型的共相性符合计算机辅助的汽车造型正向开发的需求，并且符合造型认知的习惯，在造型设计前期的概念推演阶段能起到很好地设计辅助作用，因此本书将这种面向系统应用的，对特定设计对象的共相认知与计算机处理的逻辑深度框架相结合的复合模型，称为造型原型[①]。

从系统的角度考虑，以汽车造型设计为例，造型原型可以认为是一个汽车造型的智能知识复合体。它的外在表象是对某类汽车造型认知的共识原型；而内在构成则是基于造型逻辑深度结构的设计知识聚合。在造型设计开发中，造型设计与工程分析所具有的不同知识结构使得设计沟通不畅，矛盾冲突频发。在实际操作层面上急需一个统一的知识表达模型，既能承载造型知识的表达，又能作为工程分析的基础，将造型设计开发的全流程统一起来，形成连贯而一致的造型设计开发方法。造型原型的概念构建正是出于这一目的（图4-16），作为汽车造型知识的复合体，一方面它通过造型设计中的经验共性知识以及基于造型认知的语义驱动工具来支持造型设计的概念创意；

---

① 李然. 汽车造型的原型范畴及拟合模型构建：湖南大学博士学位论文. 长沙：湖南大学，
2014，75-86.

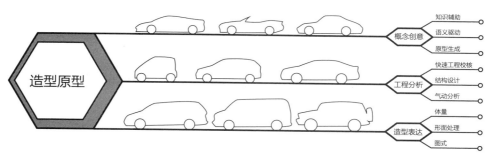

图4-16　造型原型的概念

另一方面它以逻辑深度框架中，从特征线到形面的、统一的、结构化、层次化的数据模型作为载体，支持工程的建模分析，并在工程校核发现问题时，能往前追溯找到问题的起因。在丰富而繁杂的造型表象之下，造型的问题可以被拆解为基于抽象基础、上层表达与交互完形的逻辑关系结构，而其底层则是基于特征线与形面的操作对象。

　　这一理论框架反映到具体的系统层面，是希望构建一个以造型原型为核心的造型概念辅助设计系统（图4-17）。其定位横跨造型概念设计与工程校核分析两个领域，主要以造型概念设计的辅助为重点。区别于以往CAD过程中，设计师进行造型设计，工程师进行结构开发，两者相互独立，沟通困难，彼此迭代频繁并且周期过长的问题，以造型原型为核心的系统希望构建一个从造型主题输入到原型驱动数模生成再到工程校核的正向的、自然开发流程。设计师与设计师之间，以及设计师与工程师之间由于经验与知识结构的不同而导致的鸿沟，将通过造型原型所形成的统一复合知识模型而得到缩小，甚至是消弭，从而在造型实际开发过程中减少角色沟通的困难与迭代周期。其中的关键部分就在于如何将基于经验共性的造型知识转化到以特征线与形面为基础，以抽象基础、上层表达和交互完形为逻辑关系的造型表达框架从而完成原型数模的生成。这部分内容将在第6章中详细讨论。

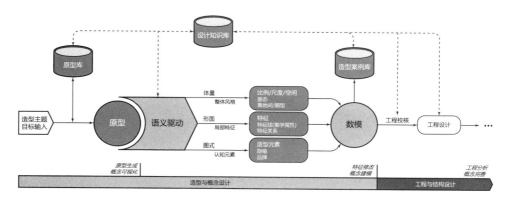

图4-17　系统结构框架

本章论点小结

第3章的实验研究为本章探究造型设计逻辑深度的研究提供了重要基础。本章研究的关注点集中在造型设计的结构关系上，通过设计实践的分析试图找到影响造型表达的造型元素及其关系，并以此构建表征造型对象的逻辑框架结构，来支持计算机辅助造型设计。

本章借用复杂理论中逻辑深度的概念表述产品造型的复杂程度和对象价值，即对象的复杂程度是其内在价值的反映，对象的发出者与接收者在对其结构的构建与解释过程中传递价值。前文研究认为尽管这种造型表达的形式多种多样，但对于一类特定的产品造型来说，存在着较为一致的共相认知，其背后正是造型设计的经验共性作用的结果，形成了造型设计领域的经验知识。这种共相认知在汽车造型设计中，主要表现在造型整体的美学属性层面，以相对离散的特征形态因素为表达。这成为本章造型求解研究的切入点。以汽车造型设计辅助为目标，本章研究主要分为两部分：首先是获取对于汽车造型美学属性产生作用的造型元素，并对其进行结构化的梳理，使其适合计算机的模型框架和处理方式；其次是定义一个系统架构使得计算机能够运用这些元素和关系来处理造型问题。

针对这两个方面，从设计实践与文献研究出发，分别从造型元素和认知结构关系两个方面详细分析了汽车造型设计中的特征、形面与图式等造型元素的作用及其关系，并以此构建了以特征线和形面为基础，以抽象基础、上层表达与交互完形为层次结构关系的逻辑深度模型概念。其中特征线是整个造型的抽象基础，它包含着整车的体量与美学属性信息，并且是形面构建与控制的手段；而形面是设计对象实体信息的聚合，反映着造型处理的关系演变以及由此带来的感官变化，是造型的上层表达；而图式成为造型处理中的一个活跃因素，它既是协调形面关系的造型元素之一，又是为造型赋予意义的一种手段，成为设计交互的核心元素。在结合汽车造型的共相认知概念后，研究提出了面向系统应用的造型原型概念，以应用于计算机辅助的汽车造型全流程设计。

本章通过设计实践分析与文献研究的方法，创新性地提出了造型设计的逻辑深度概念，并将其融入汽车造型设计开发流程，给出了以造型原型为核心的设计辅助系统的结构框架。逻辑深度概念的提出针对的主要问题是计算机系统对于造型设计的知识辅助。有别于特征建模或参数化设计的思想，逻辑深度的提出是根植于设计师在设计实践活动中积累起来的对造型的理解，同时它又是以计算机的处理模式为视角的，因此，逻辑深度的概念既包含设计师的感性认知的经验知识，又符合计算机的问题表述模式和应用结构，为智能化辅助设计的创新计算提供了思路。

第 5 章

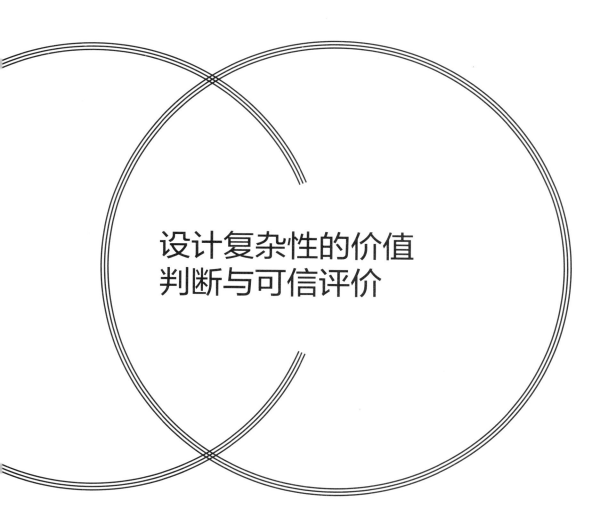

设计复杂性的价值
判断与可信评价

　　造型设计问题的逻辑深度框架，使得计算机能够处理造型设计的复杂性问题，以获得设计的解，而另一个关系到智能化设计辅助的关键问题就是对产品所反映出的复杂性的价值理解。对于复杂性的量度，实际上是一种价值判断，复杂性大的对象，具有更多潜在的价值。然而如何判断复杂性的大小，目前没有统一的标准。本章将基于造型设计逻辑深度框架，进一步详细探讨设计复杂性，通过研究复杂性的价值判断来把握设计的价值，提升设计结果的适应性。研究内容包括探讨造型设计活动的过程及其对象，在逻辑框架下相互之间的关系与作用。受限于研究时间与资源投入，以及复杂性问题本身的难度，并不期待完整地解决设计复杂性问题，但研究结果对于智能化设计辅助仍具有借鉴价值。

5.1　复杂性的价值

　　复杂性在自然中广泛存在，必然有它的价值，但要理解它的价值意义却不容易。复杂性研究一直将"意义"严格控制在有限的讨论范围内，这么做一方面是让注意力更加集中在"复杂"本身的研究上；另一方面是因为复杂性的认识具有颠覆性，在"复杂"本身还没完全弄清楚之前，讨论其意义似乎不是首要的问题。然而，价值意义是无法回避的问题，特别是在人文社科领域，探讨复杂性的价值及其判断方法有助于对象的理解、决策选择和计算辅助。

5.1.1　复杂性的价值意义

　　在研究复杂性时，人们容易被复杂系统本身所展现出的独特性质所吸引，然而静下心来一窥复杂性背后的价值意义时，又不免被其深刻且颇具隐喻的内涵，而颠覆掉以往传统的认知观点。复杂性的魅力也在于此，它让人感受到事物背后广泛关联、隐约若现的规律，然而深究进去又发现一副更大的、如谜一样的复杂图景，让人更想知道复杂究竟意味着什么。无怪乎哲学家兼心理学家的让-皮埃尔·迪皮伊，在他研究意识机制的书中说道："不可避免，意义将顽强回归。"[1]

对于复杂性意义的追求比较迫切的，是在信息和认知领域，人们迫切想要知道信息加工、意识、智能这些高等心理活动来源于哪里。凭借现在的研究成果已经可以确信，造就这些的，不是大脑中的知识量，也不是其中的知识分布，而是神经的网络连通性。但在复杂性研究之前，人们很难接受这种意义与信息分离的观点。人们普遍认为某种"认知主体"对信息有决定作用。"我们赋予刺激以意义，否则它们本身是不带信息的。"[2]然而这正是混淆了作为复杂对象的信息，和外在意义的关系。一旦将两者区分理解，就可以将信息视为客观的对象，其生成、传输和接收并不要求或预设任何的阐释过程，进而，在这样的框架下，人们得以有机会理解意义是如何生成的，理解生命如何随着越来越有效地处理和编码信息，而逐渐发展出解释、信念和知识。

然而，这样的解释仍然难以满足人们对于"意义"的渴望，信息社会中的悖论即是一个反映：我们仿佛拥有了关于这个世界越来越多的信息，但这个世界在我们看来却越来越缺乏意义[3]。现代人普遍感到信息过量，却还在不断索取更多的信息，对信息的需求似乎成了一种本能。这很难以理解，但从复杂的反面来看，或许就能明白。人们一度追求一种完美的语言，认为单词与意义之间应该有着一一对应的关系，没有任何的歧义、含糊和混淆。这样一种"简单"、"完美"的理想，却被哥德尔的不完全性定理所打破。"完美"的概念与语言的本质是对立的，"语言并非确定之物，而是充满了无限可能性"[4]，它将一个无限的世界映射到了一个有限的空间里，因而世界得以被理解。对于信息的追求，不在于其中的意义，而在于它包含的可能性所带来的价值。热力学第二定律即被解释为，封闭系统更有可能处于可能性大的宏观状态[5]。复杂性蕴含的可能性是一种价值。

复杂性所反映出的价值意义就如同对信息的理解一样，往往是超脱于客观对象之上的，其本身就是价值的表现。本内特就认为复杂性的增加解释了自然进化的方向。而混沌理论的研究发现，即使是确定性的系统也能产生混沌行为[6]，并且不同的混沌系

[1] Jean-Pierre Dupuy. The Mechanization of the Mind: On the Origins of Cognitive Science. trans. M. B. DeBevoise. Princeton, N. J.: Princeton University Press, 2000, 119.

[2] Fred I. Dretske, Knowledge and the Flow of Information. Cambridge, Mass: MIT Press, 1981, vii.

[3] Jean-Pierre Dupuy. The Myths of Information: Technology and Postindustrial Culture. Madison, Wisc: Coda Press, 1980, 3.

[4] Dexter Palmer. The Dream of Perpetual Motion. New York: St. Martin's Press, 2010, 220.

[5] 梅拉妮·米歇尔. 唐璐译. 复杂. 长沙：湖南科学技术出版社，2011, 06（1），63.

[6] May R M. The Theory of Chaotic Attractors[M]. Springer New York, 2004：85-93.

统背后都有着一致的常数①。这说明复杂性本身就是一种客观存在，尽管有着不可预测的方面，但仍存在一定的规律，左右着不同系统的整体行为。

由于复杂性所代表的抽象价值，以及其涉及的广泛领域，因此，对于其价值意义的探讨必须要在具体的领域背景之下展开，才能具有实际应用的意义。学界内也提出了各种复杂性量度的方法，以期把握复杂性蕴含的价值。

5.1.2　复杂性的量度

2001年，物理学家劳埃德（Seth Lloyd）发表了一篇文章②，提出了度量一个事物或过程的复杂性的三个维度：

描述它有多困难？

产生它有多困难？

其组织程度如何？

无论是从哪一个方面，回答起来都不容易。因此，劳埃德列出了40多种度量复杂性的方法，分别是从动力学、热力学、信息论和计算等方面来考虑这三个问题。

本质上来看，对于复杂性的量度是对对象的一种价值判断。而对象价值具体来自于其复杂性的哪一面，却难以取舍。因而出现了各种度量方法，有以组成元素的数量来判断的；有以系统随机程度（熵）来判断的；也有从算法对系统描述的长度来界定的③；各种方法不一而足。而其中对于设计问题有启发意义的是：用系统的层次性来度量复杂程度；以及通过系统逻辑深度的度量。

用层次性度量复杂性是著名学者赫尔伯特·西蒙（Herbert Simon）提出来的。他认为系统的复杂性可以用层次度（degree of hierarchy）来描述。"复杂系统由子系统组成，子系统下面又有子系统，不断往下。"④复杂系统最重要的共性就是层次性和不可分解性。层次性很好理解，如身体由器官组成，器官又是由细胞组成；而不可分解性指的是，在层次性复杂系统中，子系统内部的相互作用要比子系统之间的作用更加紧密。生物学家丹尼尔·麦克西（Daniel McShea）在层次性度量上发展出了一套

① Hofstadter D. R. Mathematical Chaos and Strange Attractors. Metamagical Themas. New York: Basic Books, 1985.

② Lloyd S. Measures of complexity: a nonexhaustive list[J]. IEEE Control Systems Magazine, 2001, 21（4）: 7-8.

③ McAllister J W. Effective complexity as a measure of information content[J]. Philosophy of Science, 2003, 70（2）: 302-307.

④ Simon H A. The architecture of complexity[M]. Springer US, 1991, 457-476.

层次标度①，用以度量生物的层次度，即高一级的对象嵌有低一级的对象作为组分。

系统层次性和不可分解性，在造型设计对象中都有反映（4.1节），这样的特性给设计适应性问题的求解带来了难度。因而，在第4章考虑造型设计的求解框架时，特别考虑了造型元素间的层次关系，形成了由特征线、形面与图式相互衔接的整体，因此可以通过这一逻辑框架反映出设计对象在系统层次性上的复杂性，也即价值。而用逻辑深度的度量在4.3中已有详细介绍，它直接将复杂性的理解转换为价值度量，使人们从另一个角度理解了复杂性存在的价值。造型设计的逻辑深度框架即在考量造型元素的表达作用与相互关系的基础上构建的。

复杂性度量的方法仍然在发展之中，还不足以刻画实际系统的复杂性全貌，度量方法的多样性也从侧面说明了事物复杂性具有许多维度，但从某个维度入手以管窥豹，仍然具有研究价值。本内特就认为自然的发展是增加逻辑深度的计算（即解释生物的进化为什么是变得越来越复杂而非向简单进化）。

复杂性的量度为判断对象的价值提供了新的见解，建立在复杂性之上的价值判断，也相对地更接近事物的本质。这些都为建立客观的价值判断，以及使计算机理解对象提供了极具价值的思考。然而就造型设计来说，它是理性与感性、有序与随机结合的产物。在理性有序之外必然存在主观感性的判断，这也是其复杂性的一方面。

5.1.3　价值判断与适应性

复杂性为事物的价值判断提供了一种依据，在人工世界中，这种判断或许还包含着一定的主观因素。然而，复杂性的价值判断并不依赖于认知主体的主观因素，在自然界中它表现为一种价值选择，关系到生物的适应性和进化方向。

对于生物进化的研究有着悠久而深厚的历史，以达尔文进化理论和孟德尔遗传学为代表的进化研究被统称为现代综合论（the Modern Synthesis）②，成为该领域的经典和现代进化研究的基础。然而，复杂性研究的发展，对该领域的经典理论提出了许多挑战和有意义的补充。

现代综合理论认为，生物的进化是通过有利变异和自然选择的积累而逐渐形成的。这意味着，进化必然是一个"漫长的"、"渐进的"过程。而古尔德等人通过化石记录发现，生物在很长时间里都没有变化，却在很短的时间内出现了剧烈变化，产生了大量新的物种。这被称为"间断平衡"（punctuated equilibria），并在实验和计算机模

---

① McShea D W. The hierarchical structure of organisms: a scale and documentation of a trend in the maximum[J]. 2009, 405-423.
② Tattersall I. Becoming Human: Evolution and Human Uniqueness. New York: Harvest Books, 1999, 83.

拟中被广泛观察到。此外，"渐进进化"观点中认为自然选择和细微基因变异在生命史中起主要作用的观点，也被发现缺乏证据支持，达尔文自己就曾给出过一个反例——人眼。由晶状体、虹膜、视网膜等结构组成的高度复杂的人眼，确实挑战了达尔文的"轻微、累进的"随机进化机制的可信度[①]，自然选择没有理由保留一个没有进化完全的眼睛作为中间结果。古尔德也提出，与自然选择同样重要的是历史偶然和生物约束（biological constraints）作用。历史偶然是指各种随机事件对生物塑造的影响；而生物约束是指不是所有性状都能用"适应性"解释，自然选择所能创造的生物性状具有局限性。而在分子生物学、种群遗传和进化发育生物学的研究中则发现[②]，某些基因可以在染色体上，甚至是染色体之间移动，被称为跳跃基因（jumping genes）；并且基因和蛋白质的编码关系并不是1对1的，同样的基因通过不同的转录事件可以产生不同的蛋白质；而生物性状的复杂性主要来源于基因网络，即基因并不是单独作用的；其中部分DNA在解码过程中并不译码成蛋白质[③]，而是对其他基因或细胞功能起调控作用，被称作基因开关（genetic switch），对生物多样性的产生有决定作用；而以前普遍认同的"随机变异"，也被发现存在大量"内在选择"的定向变异，即生物的进化并非完全随机，变异之中存在一定的秩序，是一种选择的结果[④]。

可见，自然界中的生物进化远比已知的要复杂许多，自然选择的伟大力量，被发现很大一部分来源于生物内部的"定向选择"，基因所展现出的复杂性成为生物多样性的基础，也是进化选择的重要条件。尽管现有的研究成果，还不能断言复杂性是系统发展的主动选择，但复杂性为系统发展的可能性和适应性提供了空间，也因此具有一种朴实而根本的价值。综上，复杂性不仅是价值的体现和判断标准，它也是适应性所依赖的基础。复杂性的价值判断在自然界中，是一种对适应性的选择。

5.2 造型设计的价值判断与可信

设计是一个多向性求解的问题（3.2节），这与生物进化的情况很类似。由某一自然压力而导致的进化，并没有严格限定生物的进化方向；同样的，设计问题也没有完全限定设计解的空间，甚至对同一美学属性可以有多向性的解答。因而，对于设计的

---

① 凯文·凯利. 东西文库译. 失控. 北京：新星出版社，2010, 12（1），545.
② 梅拉妮·米歇尔. 唐璐译. 复杂. 长沙：湖南科学技术出版社，2011, 06（1），346–349.
③ Mattick J. S. RNA regulation: A new genetics? Nature Reviews: Genetics, 2004（5），316–323.
④ 凯文·凯利. 东西文库译. 失控. 北京：新星出版社，2010, 12（1），553–558.

价值判断难以指标化。而复杂性的介入，为其提供了一个从整体上把握设计价值的潜在可能。以复杂性的价值判断来评判设计，并不是要以完全理性来取代主观情感的价值评价，而是在于它从理性与感性两方面，很好地反映了设计问题的复杂，为理解设计，特别是计算机求解设计问题，提供了一个可分析、可计算的方法。具体到造型设计中，其价值判断表现为一种设计可信问题，其目标是提升设计的适应性。

5.2.1 多向性求解的价值判断

造型设计表现为多向性求解的问题。在同一美学属性（造型目标）的约束下，造型可以在多方向上，甚至是相对方向上发展。仅就造型追求而言，这与多目标求解的情况不一样，后者是多个目标要尽力满足，目标之间还可能存在着约束或互斥的关系；而前者也存在多目标的情况，但更侧重于在目标作用下，发展出多种不同的诠释，产生多样性。多向性求解与生物性状表达的情况很类似。尽管不同性状之间的差异很大（如身高的差距，或是肤色的差别），但它们都是作用于同一目标对象的不同表现形式，而其诱发的原因来自于外部环境的选择压力。因而，性状的优劣不在于性状之间的差异比较，而在于对有选择压力的部分进化出的适应性。

同理，相较于生物进化，在造型设计中，特别是造型开发阶段，由于产品研发的保密性，以及缺乏大样本的用户反馈信息，还难以形成如同自然选择一样的外部淘汰机制（少数专家意见不足以形成有效的选择压力），因此有必要构建一种价值判断的方法，在保证开发的保密性下，尽可能获取外部用户对造型的反馈信息，以形成有效的选择机制，并且在设计的各个阶段能够有效促进设计信息的交流，并在造型整体层面保证和推进设计概念的一致性。在将复杂性的观点和结构引入造型设计后，这种价值判断将会是一种基于造型逻辑结构和外部选择条件的可信判断。

5.2.2 可信对设计价值的选择

对于造型设计问题来说，复杂性度量对于设计价值的判断给予了很好的启示。除了设计对象本身的复杂性之外，设计信息在"设计意图与认知解释"的相互映射交流中具有可观的复杂性，这并不完全是人为主观因素所导致的（第3章），设计复杂性的发展有其内在的动力，正如黑格尔所说"凡是合乎理性的都是真实的；凡是真实的都是合乎理性的（Whatever is reasonable is true, and whatever is true is reasonable.）"[①]，设计活动中特殊的复杂性与对设计问题和价值选择的判断有关。

---

① 黑格尔. 贺麟译. 小逻辑. 北京：商务印书馆，1980, 07（2），1–18.

设计师理查德·麦克马克认为可以尝试通过解决方案来定义问题[①]。"只有当你尝试并拟定出一个解决计划的时候，问题才会出现。因此在某种程度上设计过程决定了设计目标，而这些通常是在设计简报要求中不曾提及的。"因此"如果你想仅仅通过收集信息，并将其机械地整合成问题的解决办法的话，我并不认为通过这种方式你可以设计出好的作品。只有当你努力地去解决问题时，才能对其有全面的了解。"

从理查德的叙述中不难看出设计活动特殊的复杂性，设计师通常是在问题还不明了时（也不可能先明了）就开始尝试对问题给出解答（设计），并在求解的过程中去厘清问题。因此，经常会有设计师说设计更像是去寻找问题，在对问题的量度中也就把握了设计。因此，对于设计对象的复杂性的量度，是对设计问题也即设计活动的量度。除了设计结果的复杂性需要考量，设计过程中问题与解的演化也是设计复杂性的重点，甚至要更为重要，也是设计辅助最为关心的问题。

对设计过程的复杂性量度，不可避免地涉及设计角色之间，以及设计角色与设计对象之间的价值关系，这些价值关系反映的是角色与对象之间的信赖关系，也即设计的可信问题，其背后是设计创新与设计可靠之间的价值博弈，反映到实体上，也就是设计产品的适应性问题。

中国自古就有"人为物本，物因人用"[②]的思想。对于设计对象的考量，是设计的基础，本书运用复杂性理论构建了造型对象的逻辑深度框架；而围绕设计对象的，人的认知加工是设计驱动的核心，集中反映就是对对象的价值判断与选择。因此，对于设计的价值判断，也即是设计活动的复杂性量度，它是一种设计可信的问题，关系到设计行为和设计结果两方面，前者的关注点在于设计过程的可信；后者在于设计输出物可信。后文将围绕设计可信问题，在这两方面展开具体分析，并给出评价方法。

此外，就设计价值的把握，除了价值判断之外，还存在价值选择的问题。在技术发展和行业创新的今天，这一问题越发地明显与迫切，主要表现为产业模式创新所带来的设计价值调整，以及由此引发的设计对象、模式与流程的变革。对这一变革，设计研究，特别是设计辅助的研究还很缺乏，本书选择了一个行业创新的实际项目作分析，探讨创新变革之下对设计的考量，以及设计辅助的方法与作用，作为对设计价值判断的补充。

5.2.3　产业模式创新下的价值调整

尽管对于设计对象的计算求解与价值判断是目前设计辅助主要研究的问题，但设

---

① 奈杰尔·克罗斯. 程文婷译. 设计思考：设计师如何思考和工作. 济南：山东画报出版社，2013. 02（1），17.

② 吴卫. 器以象制象以圜生——明末中国传统升水器械设计思想研究：清华大学博士学位论文. 北京：清华大学，2004，153.

计产业的创新发展正在越来越快，也越来越剧烈地冲击着传统造型设计领域的思维模式与生产方式。只关注设计对象研究，而忽略行业发展的需求与演变将会带来很多问题，因此，本节以项目案例简要分析产业创新对造型设计及其设计辅助的影响，并在后文中给出对这一问题的具体应用分析。

产业模式的创新正在逐渐颠覆传统造型设计领域的生产流程，面对这样的新问题，还没有合适的设计辅助工具予以支持。以汽车造型设计为例，由于能源动力技术的革新，使得如特斯拉（Tesla Motors）这样的创新企业得以诞生。由于不再受限于发动机、底盘等传统汽车制造技术，并且电池的安全性显著提升而体积大幅度减小，从而给汽车造型设计带来了极大的空间与自由度，而企业的管理与运作模式也由此完全改变，更加倾向于互联网技术，以直接面对终端用户。因此特斯拉能够跨越传统汽车行业的门槛壁垒，而直接进入到现有汽车市场的竞争格局之中。而另一方面，传统的电子消费品制造商也开始从新的途径探索产品创新的道路，借助用户参与和草根智慧，将企业的产品更深入、更广泛地置入到用户生活之中，甚至实现大规模产品的用户定制，以满足越来越多元的个性化需求，而这样的探索也完全颠覆了传统产品的开发设计流程。

这些新的挑战，使得造型设计研究需要更多地从设计对象的研究中跳脱出来，开始从更整体和更全面的角度关注整个设计活动本身。而应用于造型设计的对象模型，也应该在设计活动的各个流程阶段上予以支持。本节将以作者参与和负责的一个创新设计项目来分析产业模式创新给造型设计，及其计算机辅助带来的挑战。

项目来源于NOKIA中国研究院的"Grassroots Ideation"设计项目，其目标是探索在移动互联网UGC（用户生成内容）快速发展的背景下，企业如何培养和引导用户创新为企业创造价值。由于技术的革新，用户从被动的产品消费，逐渐转变为产品内容的提供者，甚至是创新的推动者。这使企业意识到需要从用户的价值角度来看待企业的产品研发，甚至是转变企业的战略定位而成为用户价值的维护者和协作者。具体到这一项目中，研究将大规模定制作为用户参与创新的一种具体实现方式。本质上看，产业模式创新下的设计对象并没有改变，然而变动的是活动的参与者，对象的组成元素及其关系，以及由此带来的价值调整。

产品定制原本是一种"奢侈"的需求，然而却相当符合用户的利益。只有当产品定制能在大规模生产中成为现实，才能让用户充分且低成本地参与其中，从而激发用户的创新活力。因此，大规模生产与定制必然成为一对难以调和的矛盾，而用户在其中的参与作用以及对产品设计带来的影响也成为一个难以琢磨的因素。大规模定制（Mass Customization，简称MC）是基于产品价值链的概念，它让用户介入到产品生产与递交过程，将用户的个人需求分散到产品生命周期的各个价值环节，通过灵活配置产品流程，以满足用户多样化的需求，因此要求企业对于产品的价值配置有相当成熟与严格的把握，甚至小到一个零件的生产工艺与时间成本都要充分掌握，因为产品的概念在这里不再是一个完整的整体对象，它是分散到各个部件之中，依赖于用户的需求而组织起来的一个未知概念。而对于产品设计这样的概念则更加难以控制。自由化的定制设计似乎能满足所有人的需求，然而造型设计领域的知识门槛决定了绝大多数人缺乏造型设计的经验与知识，而造型定制的自由化必然导致产品质量的下降与加工成本的剧增，最终反而使得多数需求不被满足。因此，对造型定制自由度的把握是整个MC的一个难点，需要对定制对象的造型与结构知识有充分的认识，同时定制过程要有精心的设计，以引导普遍不具备造型设计知识的用户顺利完成定制过程，并保证设计质量。

大规模定制的这些特点反映到计算机辅助系统上，则要求对象模型的结构应该保持灵活性。在有序稳定的结构之上，各层面之间的表达与支撑应该具有灵活演变的空间，以支持设计对象的定制与变化。第4章提出的逻辑深度框架就具有这样的对象结构，在VTG构成的三个稳定信息层面上，设计信息在层面之间的传递具有网状结构的灵活性。尽管逻辑深度的框架结构是在汽车造型研究的基础上提出来的，但其背后的理念在设计中是相通的，体量（V）信息确定了造型的基础风格，造型手段（T）是造型表现力的基础，而图式（G）在设计认知中起到引导与解释的线索作用。在大规模定制中，虽然产品造型已不是重点问题，但在面向大众的定制系统中，基于逻辑深度模型的对象分解和系统流程设计有助于用户的设计认知与交互体验，从而顺利完成产品的定制。模型中图式的概念原本与认知交互就有着密切关系，在交互流程设计中更是利用图形与实时反馈将图式的交互完形作用发挥出来。而为了把握定制的自由度，在产品设置上以类似共相认知的原型概念，将产品进行分类，以规范整体风格，并在可配置部分以统一的造型手法来处理部件定制，从而达到风格的统一和认知的一致。

产业模式的创新，必然导致设计工具的变化，而这背后是对设计对象的充分把握，和对各方价值利益的理解。这不仅对计算机设计辅助提出了新要求，也提供了新的发展方向，对于本节案例的具体应用分析将在6.3中详细说明。

5.3 设计活动的可信问题

设计可信的问题是对设计价值的判断，它基于对象复杂性的逻辑结构，尝试通过外部信息的反馈，来提升设计整体的一致性和适应性。设计可信主要包括设计过程与设计对象两个方面。设计过程的可信，在于促进设计信息的充分交流，使得设计内部形成有效的网络关联关系，保障和驱动设计概念的一致；而设计对象的可信，在于形成一个造型表达的知识模型和评价方法，用于设计的计算机理解与辅助。

5.3.1 设计过程的可信

对于整个设计过程而言，每一次设计迭代和每一个设计节点之间都存在复杂的、多领域的、无法回避的信赖关系。设计的这种可信不仅体现在过程之中，事实上通过设计过程的可信最终将反映到设计结果之上。美国两院院士，拥有软件工程教父之称的弗雷德里克·P·布鲁克斯（Frederick P. Brooks）就从大设计的角度指出"设计中的优雅实际上在很大程度上是指完整性，即概念的一致性"[①]，因此"概念完整性是系统设计中最重要的考虑"，布鲁克斯将概念完整性称为内聚（coherence）、一致性（consistency）或是风格统一（uniformity）。不难理解，在一个多领域人员参与的复杂产品的设计中，产品概念的完整性保证是多么的重要，一个设计概念在经过不同人员与领域之间的多次迭代后最终还能否紧紧围绕最初的概念亮点并将它完善发展，这是一个设计能否成功，是否可信的核心要素，这一点无论在软件工程领域还是在造型设计领域都是一样的。概念完整性从过程和对象两方面明确了设计可信的目标。从造型设计领域来看（图5-1），本书研究认为造型原型是从系统上保证概念完整性的重要手段，而造型原型本身涵盖了设计与工程两个层面的信息，其中设计层面上是以体量、造型手法与图式（简称V、T、G）为核心的造型表达机制，而其所呈现的设计表象背后实际上是用户、设计师与品牌（图中以U、D、B分别表示）之间信任博弈的结果；而设计层面的信息又需要与工程层面的需求相互沟通、协调，在设计与工程的交互之间正是设计概念创生的地方，是设计创新的源头，也是概念完整性最重要的体现。

造型原型的核心对象是VTG，它们分别代表了设计对象在体量、造型手法与图式三个层面的信息（4.2节），三个层面之间相对独立又互相关联。从设计过程来看，各个层面的信息有其特定的决定因素与输出对象（图5-2）。在设计概念的初期，V是把握整体造型风格的重要因素，也是造型设计的出发点，这时候V通常受到工程硬点条

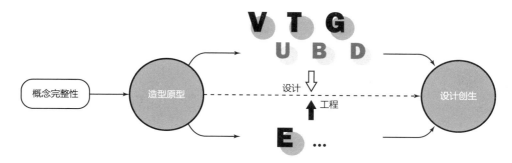

图5-1 造型概念完整性保证的结构框架

① 弗雷德里克·布鲁克斯. 汪颖译. 人月神话. 北京：清华大学出版社，2007. 09（2），42-43.

件与标杆（对标车型）输入参数的约束（图中分别以E和B表示），而其确定后的结果将对之后设计师的设计产生重要限定（用D表示）；而在造型处理的层面T上，是设计师的个人经验与对造型的理解和用户对于造型的期望共同决定了T，而其结果将对工程设计提出挑战；在注重细节设计的G上，是设计认知的重要环节，品牌的理念（用B表示）与设计师的个人经验和风格将对G产生重要作用，而其目标则是要向用户传达设计信息，其设计价值的实现最终需要用户的接受（用U表示）。在造型表达的三个层面上，设计、工程、用户和品牌在不同的层面上相互协调作用，每个因素都会在某个设计阶段对设计结果产生作用，而其输出物将成为下一设计阶段某个设计参与对象的重要输入。

从造型设计过程看，设计流程大体上可以分为V、T、G这样的三个阶段（图5-3），在概念初期也就是V阶段，主要是确定造型的体量信息与整体风格定位，而这些信息主要由参与设计的工程方（E）以及项目组所确定的对标车型的相关数据（B）决定，而这些数据是提交给造型设计师（D）的重要设计输入，设计师将根据这些数据确定整车体量与风格，为后续的概念主题发散定下基调。对于设计师来说，从工程方与市场方所获得的数据将决定设计的基础，他对于输入数据有选择权，即存在一个信任问题，研究将这一阶段称为"工程可信"阶段；当设计师根据V阶段的输入完成概念发散，确定了多个设计主题，进入造型细化的T阶段后，用户（U）对于造型的期望以及设计师（D）的个人经验与设计理解对于造型特征有重要的决定作用，而工程

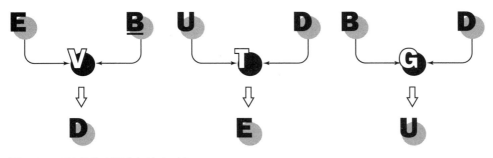

图5-2　VTG的决定因素与输出对象

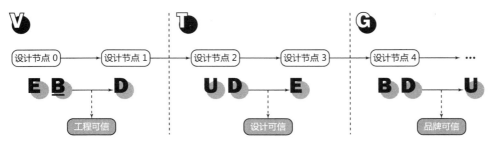

图5-3　造型设计各阶段的可信问题

方（E）则等待着设计方的设计输出，以便开始工程校核与结构设计，这时工程方对设计方提供的输入具有选择权，他能根据自己的领域知识对设计方提出挑战或是利用领域知识协助设计方完成概念造型，因此将这个阶段称为"设计可信"阶段；而当造型设计大体冻结，进入到细节优化的G阶段后，品牌的遗传与进化需求（B）以及设计师的个人风格（D）将决定造型细节的处理（如车灯，材质等），最终形成一款完善而概念统一的造型设计，这时设计输出的接收方变换成了用户（U），他们对设计具有绝对的选择权，他们所面对的是一个完整的品牌形象与产品家族，而不再是单一产品的设计，因此他们的选择将建立在"品牌可信"的基础之上。

5.3.2 设计对象的可信

三个可信是在VTG的造型表达结构上，融入设计角色而构建的，基于设计过程的设计可信机制；而VTG是以造型领域知识为集合的造型原型的核心对象；造型原型是概念完整性的重要保障；而概念完整性是设计可信的核心内容。这便是设计过程可信的逻辑链，它们从设计概念的完整一致上贯穿了整个设计过程，从而确保过程的可信性。而以整个设计辅助系统来看，设计可信的问题除了上文所保证的设计过程的可信外，还要确保设计输出物的可信。这带来了两个新的问题，即设计表达的可信与可信的验证。

1. 设计表达的可信

设计表达的可信主要在于计算机领域的意义，可信除了在技术上要求表达模型的精度与误差可控之外，更要求数据模型对于客观对象的准确刻画，客观对象在自然环境下所具有的属性应该在模型中有所体现，并且在跨领域的交流中应该具有一致的模型表示，即统一的数据模型。对于模型表达技术层面上的问题并不在本书的讨论范围之内，但设计对象的自然属性以及表达方式是设计研究关注的内容，这其中就包括特征和语义两大属性。对于造型的特征属性在4.2.1中有详细的讨论，并以汽车造型为对象进行了特征分类；而造型的语义属性在第3章的研究中指出它是造型美学属性的一种形式化，即语义属性通过语义词的形式本质上反映的是造型的一种美学属性。本源上，它来自于设计沟通时所使用的特定术语，以促进设计师之间对于设计的理解，推动设计深入发展。特征与语义在统一的数据模型中需要有所体现，而语义属性的主要作用就是驱动与描述造型特征的演化发展。造型设计的逻辑深度从VTG三个层面剖析了造型对象的逻辑结构关系，结合造型对象的自然属性以及数字化表达方式就形成了可信设计表达的一体化数据模型，这一模型在理论上称之为造型原型（4.3.3）。对这一知识模型的应用还存在技术上的难点，主要表现在语义驱动的快速原型生成方面，将在下一章中给出应用方法。

2. 可信的验证

可信验证包含两个方面，一是设计系统的可信验证；另一个是设计对象的可信验证。前者属于软件系统的研究范畴，不在本书讨论之列，而后者本质上是设计对象的可信评价问题。在前文的论述中总结了设计过程中的三个可信问题，即工程可信、设计可信与品牌可信。它们聚焦的是各个设计阶段的输入与输出在不同设计角色间的可信问题。而设计对象的可信评价关注的是设计角色间（主要集中在用户与设计师）对于设计对象的认知差异。从理性的角度来说，设计对象的可信评价是对设计效度（validity）的检验，而设计效度取决于设计本身是否符合原始设定的限制性与目的性需求[①]；而从感性的角度看，它衡量的是设计师对于设计的理解之于用户对于设计的认识之间的差距。不论是设计效度的差别还是角色认知的差异，从设计的角度来说，本质上都是由美学属性的多向性所导致的。第3章的研究说明从造型上来诠释某个美学属性是存在一个多维空间的可能性的，而正是这样一个设计空间的存在使得某一特定的设计选择相比于其他可能性之间会有效度的差距；也使得不同角色对于设计师做出的设计选择会在某一美学属性上存在不同的解读。因此，不同角色对于设计对象的评价必然存在着差异，这种差异正是设计空间的反映，而设计评价的目的除了辅助决策之外，更重要的是在各个阶段推动设计的完善。所以设计对象的可信评价不是要追求一个统一、绝对的评价定值，而是要找出评价的差异与设计的空间，形成对"造型进化"的"外部选择压力"。通过在对造型的美学属性理解的普遍基准之上找到角色间的认知偏差，据此便能明确在特定美学属性的限定下角色间的可信关系，得到相对的可信等级，从而明确造型改进的方向，帮助设计师完善造型设计。

5.3.3 基于认知偏差的可信评价

设计评价是一个多方角色参与的设计认知活动。在众多角色中，设计师和产品用户具有很高的话语权（却不一定具有很高的设计决策权）。用户作为产品的消费者，有着天然的产品需求和消费感受，必然需要表达自身的意见；而设计师在产品生产和消费的全流程中具有问题解决者、产品设计者和理念传达者等多重身份，他们对于设计的认知直接影响产品的方方面面，因此设计师的意见是极为宝贵且值得重视的。设计师与用户正好处在产品生命周期的两端，两者的意见若是能够充分交流，必然对设计产生积极影响，因此，研究首先选取设计师与用户作为评价角色来探索设计对象可信评价的方法，形成设计价值判断的外部选择条件。

---

① D. Andrews. Principles of Project Evaluation. in: Langdon, R. and Gregory, S.（Ed.），Design Policy: Evaluation, The Design Council, London, 1984, 66-71.

　　格尔德·波德尔（Gerd Podehl）的研究[①]发现，设计师与用户对于设计的关注点和表达层次是不同的，这是设计多样性的一种表现。因此，设计评价从设计价值上来说，并不是要求得一致的意见或单一的分值，设计师与用户之间的认知偏差以及由此带来的设计空间才是最具价值的。用户接受并认可设计师通过产品传达的设计信息的程度，以及设计师对造型解释的空间与用户认知空间的匹配程度，是设计对象可信评价的关注焦点。角色间的充分交流是获取设计信息最佳的途径，也是可信建立的基础，但对于辅助系统来说，可信评价的方法需要逻辑化，以保证较高的可操作性，因此，可信评价的方法需要兼顾系统需求，又不流于口头交流的表面化，而能深入到设计对象的具体信息层面，这是评价方法研究的重点与难点。

　　在实际造型设计项目中，通常以标杆车为目标导向作为造型设计决策的基础[②]，即以标杆车的造型语义为基础对在开发车型进行评价。而要获取用户对于在研车型的意见，一般会抽取部分用户直接参与设计评审甚至是设计的开发，但这种方式存在着较大的泄密风险，更为安全的方式是获取用户对于标杆车的意见，从而间接评估在研车型的设计方向。因此，对于设计开发而言，要构建一个设计师与用户均能参与的评价体系，标杆是一个很好的媒介选择，通过它可以建立起设计师与用户的可信认知模型。

　　以标杆车和在研车型为评价的目标对象，设计师与用户作为评价角色的可信认知模型如图5-4所示。图中设计师、用户在标杆车和在研车型之间构成认知关系，假定$D(x)$为设计师样本，$U(y)$为用户样本，可做如下描述：

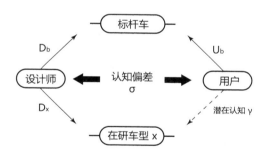

图5-4　可信认知模型元素关系图

　　$D_b(x)(x=1,2,\cdots n)$为设计师x对标杆车的造型语义认可程度值；

　　$D_x(x)(x=1,2,\cdots n)$为设计师x对在研车型的造型语义认可程度值；

　　$D_b(y)(x=1,2,\cdots n)$为用户y对标杆车的造型语义认可程度值；

　　则设计师x与用户y对标杆车的造型语义认可程度值之差$\Delta b(x)$，为：

$$D_b(x)-U_b(y)=\Delta b(x)\quad(x,y=1,2,\cdots n)$$

①　Podehl G. Terms and measures for styling properties[C]//DS 30：Proceedings of DESIGN 2002, the 7th International Design Conference, Dubrovnik. 2002, 879–886.
②　胡伟峰，赵江洪. 用户期望意象驱动的汽车造型基因进化[J]. 机械工程学报,2011, 47（16）：176–181.

在感性工学的研究中，如Osgood的语义差异法[①]、层次分析法[②]等，都是基于语义的感觉量评测方法，上文所述的造型语义认可程度值即是基于这类方法来进行测量。研究采用Likert语义量表，选择标杆车的造型语义（如大气、行政等）作为打分对象，设计师和用户分别对被判车型在该语义上的感觉量进行7点打分，便可得到该角色对于判断对象在造型语义上的认可程度值。不同角色的分值必然会有差别，在参评角色人数一致的情况下，将$\Delta b(x)$取均值μ和标准差σ，即：

$$\mu=\frac{\sum_1^y \Delta b(x)}{y} \quad (x,y=1,2,\cdots n)$$

$$\sigma=\sqrt{\frac{\sum_1^y (\Delta b(x)-\mu)^2}{y}} \quad (x,y=1,2,\cdots n)$$

σ即为设计师与用户之间关于标杆车在该语义下认可程度差异的波动范围，本书称之为标杆基准差。当设计师与用户对于同样的标杆车在同一语义下存在认知偏差范围σ时，有理由认为对于以标杆车为导向所做的在研车型，在同一语义下，设计师与用户的认知会存在与σ近似的偏差范围σ'。因此，现可测得设计师对于在研车型在同一语义下的认可程度值$D_x(x)$，其均值表示为：

$$\beta=\frac{\sum_1^x D_x(x)}{x} \quad (x=1,2,\cdots n)$$

那么用户对于在研车型在该语义下的潜在认可程度的均值γ的可能取值范围为$\gamma\in[\beta-\sigma',\beta+\sigma']$。由于$\sigma'$与$\sigma$接近，因此：

$$\gamma\in[\beta-\sigma,\beta+\sigma]$$

回到设计评价问题，若将在研车型在该语义下的设计目标值设为α，那么只有当用户对于在研车型在该语义下的潜在认可程度均值γ接近α时，该设计才准确达到了预定设计目标，也即该设计对于用户是可信的，因此，带入上述算式，有以下情况：

（1）当$\beta\in[\alpha-\sigma,\alpha+\sigma]$时，即用户对于在研车型在该语义下的潜在认可程度与设计目标值的差距落在0~1倍标杆基准差的范围。本质上来说，就是设计师与用户对于在研车型的认知偏差与其对于标杆的认知偏差基本一致。这种情况称为一级可信。

（2）当$\beta\in[\alpha-1.5\times\sigma,\alpha-\sigma]or[\alpha+\sigma,\alpha+1.5\times\sigma]$时，也即用户潜在认可值与目标值差距在1~1.5倍基准差范围。这说明设计师与用户的认知偏差存在拉大的可能。这种情况称为二级可信。

（3）当$\beta\in[\alpha-2\times\sigma,\alpha-1.5\times\sigma]or[\alpha+1.5\times\sigma,\alpha+2\times\sigma]$当时，用户潜在认可值与目标值差距在1.5~2倍基准差范围。即设计师与用户的认知将可能存在较大偏差。这种情况为

---

① CE Osgood，GJ Suci，PH Tannenbaum. The measurement of meaning. University of Illinois Press，1957，31–75.

② 何堃. 层次分析法标度研究[J]. 系统工程理论与实践，1997，17（6）：58–61，103.

三级可信。

（4）当β超出以上范围，则说明在研设计将可能严重偏离设定目标，即设计不可信。

标杆基准差σ的确定是衡量设计师与用户认知偏差的基准。逻辑上来说，当确知设计师与用户的认知必然存在偏差，且在单个语义上这个偏差为σ时，若要设计一个目标为α的设计，反过来即是要使设计师的认知与目标α保持σ的偏差，这样修正后，用户对于设计的认知才会正好落在α上。这就是可信等级背后的逻辑推理，设计评价的结果也因此不再是一个孤立的分值，而是给出了一个设计的空间，据此便能指导设计的进行，为设计决策做辅助。另一方面，对于设计辅助系统来说，这样的可信评价方法避免了获取用户对于正在开发的造型的评价意见，从而避免了设计泄密的风险和流程操作上的困难，同时又能较好地确保设计按照预定的方向发展，以符合用户的预期，从而保证了设计对象的可信。

5.4 造型复杂性的系统求解

通过计算机系统辅助求解造型设计问题，是本书的应用目标。结合造型的复杂性理解，以及设计价值判断的研究成果，并针对造型对象的知识辅助和行业创新下的设计价值调整问题，本书提出两方面的系统应用目标：通过造型复杂性问题的分析，认为对其的系统求解应该符合复杂性问题的特性，提出以造型的逻辑深度框架为基础；以语义驱动的造型原型快速生成为方法（工具）；强化设计迭代和角色交流的可信设计辅助系统。另一方面，大规模定制作为应对行业变革和提升设计适应性的一种方法，在设计对象、设计角色与设计流程上完全颠覆了现有设计开发模式，对其的系统辅助应从资源分配与价值调整上，重新把握设计对象和设计主体的结构与行为模式，重点从流程与交互上理顺系统辅助的对象和关系。

5.4.1 系统求解的问题

基于传统造型理解的计算机辅助设计系统的一个主要问题在于将产品开发视为一个静态的、单一的求解过程。它将外观设计与工程结构设计分离开来，没有考虑两者之间的内在联系而导致的设计迭代问题。这其中的原因除了领域知识的差异，固然还包括技术上的困难，要将两个不同领域的对象整合在一个模型之下并适合于不同应用情境是相当困难的。但像达索（Dassault Systemes）与西门子（Siemens PLM

Software）这样的公司已经开始在CATIA与UG这样的软件中尝试解决这个技术难题。然而，除了技术上的阻碍，更为重要的原因在于造型设计领域内部还没有能够将造型设计的经验知识与形面表达统一结合起来的理论模型，而这个模型还必须适应于计算机处理就更是困难重重。

另一方面，传统的电子消费品制造商也开始从新的途径探索产品创新的道路，如电子消费品企业就尝试与互联网结合，借助"草根"用户的智慧帮助企业实现产品定制，以满足越来越多元的个性化需求，而这样的探索也完全颠覆了传统产品开发的流程。

本书的研究正是以这些问题作为理论应用的目标，从复杂性的角度，将造型设计对象结构化，并与造型设计的经验知识相对应，以找出造型设计的逻辑结构和价值判断方法，构建全新的辅助设计概念系统。其中主要包括面向设计迭代的语义驱动快速原型生成，以及定制的价值平衡两个方面的问题。

造型对象的逻辑深度框架，使得（计算机）对造型的理解有了层次化和相互关联的表达体系。在VTG的对象层次结构下，造型的复杂性问题得以在相应的层面上展开表达，设计师和工程师也可以在相应层面探讨各自的领域问题，这使得设计信息的交流更加顺畅和准确。同时造型问题的修改与迭代也有了明确的载体，设计信息在迭代过程中得到保留；另一方面，能够以语义的方式实现设计驱动。模型的表达结构，使得基于造型经验知识的语义信息可以附着到对象的结构模型上，因而语义能够驱动对象整体模型的造型表达，并且这种表达能够反映到对象的不同层面，达到一致的调整与修改。然而，落实到系统实现层面，设计信息在循环迭代中的组织方式，以及语义对线、面和体的一致驱动都成为系统设计时的难点。

大规模定制，是行业创新的一种典型模式。它将设计的复杂问题转化为多样性满足的价值需求问题，将对设计对象的选择压力转化、分散到设计流程内部的各个环节，将整体的产品价值打散为管理、生产、服务和设计（定制）等多样的个体价值，实现价值的自由组合与平衡，从而提升设计整体的多样性和适应性。同时用户也从被动地选择变为主动地参与，从而改变了设计师与用户，以及企业与用户间的关系，从根本上激发出设计主体的创造性。大规模定制有着巨大的商业潜力与优势，特别是在3D打印以及远程网络生产控制等新技术的快速发展下，大规模定制很有可能在不久的将来取代大规模生产，成为主流的制造模式。这些特点完全颠覆了设计辅助系统的概念，在系统设计上，不再只面向设计对象，而趋向于设计、管理、销售和网络互联的一体化解决方案。系统构建更加讲究资源分配和表达效果，以降低设计门槛，拉近设计与用户的距离。

基于复杂性理解的造型设计，从对象结构和价值判断两方面对造型问题进行了解构，反映到系统求解的应用层面，则是通过语义驱动的原型生成达到造型对象的知识辅助；以及通过大规模定制的价值平衡来探索行业创新的解决方案。两者都以设计对象和设计主体的信息交流为考量，通过系统辅助从总体上提升设计的可信性、创造力和适应性。

5.4.2 系统求解的框架

综上，基于复杂性理解的设计辅助系统的框架，如图5-5所示。以造型设计为对象，设计软件为目标，两者之间依据复杂性理解的造型设计活动，在系统层面上可分为由表达可信、流程可信和可信验证三部分组成的设计可信的软件系统。其中表达可信是以语义驱动的原型生成为核心机制的造型知识辅助；造型表达的语义驱动在系统内建的设计迭代中推动设计逐步完善与进化，达成设计概念的一致性，成为流程可信的重要保障；而设计输出的结果在用户、设计师和标杆目标之间构成的可信验证方法，在确保设计保密性的同时，帮助设计师尽可能地把握设计受众的价值倾向，从而能对设计进行有效的调整，提高设计的适应性与可信性。

从系统框架可见，基于造型逻辑深度框架的语义驱动原型生成，成为系统求解层

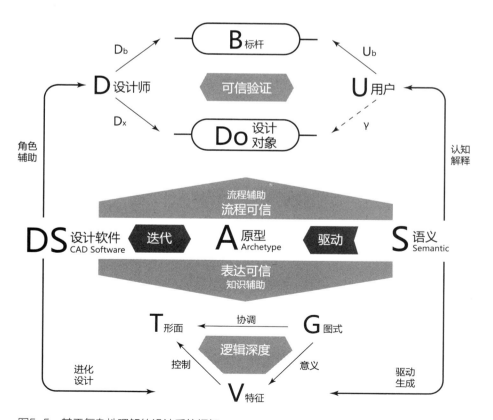

图5-5 基于复杂性理解的设计系统框架

面的核心工具，它将复杂性理解的造型表达关系应用于造型的生成与求解，并通过语义工具控制造型的整体形态。这部分的应用实现是系统设计的重点之一。另一方面，在产业模式创新的情境下，用户、设计师以及产品之间的价值需求关系被重点考虑。由技术驱动的、自上而下的行业变革，颠覆了设计系统辅助的对象与方式，对设计价值调整与平衡之后才能把握系统设计的重点与方向。

　　系统框架从数据对象到系统流程和交互，再到设计结果的呈现都对辅助系统的设计与实现提出了很高的要求。从数据对象看，在造型设计的全流程中，将面对不同领域的用户和不同设计阶段的设计需求，需要灵活调整设计对象的信息呈现；而在多领域协作的背景下，系统流程的设计需要针对不同背景的用户，起到领域知识辅助的作用，以确保设计在可信的框架下进行；而设计结果的可信评价的首要目标是针对设计角色给出可信的设计参考和辅助方法，以明确设计的空间，推动设计的迭代与完善，提高适应性。这些要求成为造型设计辅助系统设计与实现时重点考虑的问题。

本章论点小结

　　本章研究主要回答在造型设计逻辑深度框架下设计的价值判断与可信问题，目标是保障和驱动设计概念的一致，提升设计结果的适应性，也即设计的价值。

　　复杂性，作为价值的一种表现，以及价值判断的标准，很好地契合了自然环境中，生物的生存进化和适应性问题。其本质意义在于复杂性所蕴含的可能性对于生物演化的作用和价值。

　　造型设计问题的求解，与生物进化有着相似的模式，均表现为多向性求解的问题，对其结果的价值评判，从复杂性的角度来说，不应该来自于个体的差异性比较，而应该基于个体针对环境选择压力的进化，追求的是多样性和适应性。从这个角度来说，造型设计的价值判断，可以构筑在对象复杂性的逻辑框架之上，以造型外部的选择条件作为设计驱动与价值判断的依据，以提升设计的适应性，表现为设计可信的问题。

　　设计可信本质上是价值判断的问题，可以说是一个上升到哲学层面的科学问题。当以理性方法来分析感性设计时，所得到的理解便容易脱离对象的自然生活环境，使得其所蕴含的（价值）意义不容易直接被感悟到，可信的问题就会出现。设计可信的价值判断，反映的是基于设计复杂结构的，造型外部对于设计进化的选择压力，因而可以指导设计的改进，提高设计的质量与适应性，最终提高设计价值。本章就设计价值的思考与研究立足于设计活动的实践经验，并努力尝试从科学的角度对人为事物的意义与适应性进行分析，目的是为了得出一套相对客观与可靠的设计价值判断与设计驱动的操作方法，用于设计辅助。

因此，本章主要围绕设计可信问题展开研究，提出可信包含设计行为与设计输出物可信两个层面，并针对造型设计的逻辑结构从设计的过程和对象两个层面详细分析了设计的可信问题。在设计过程上提出了以概念完整性（一致性）为核心价值，通过对设计角色在VTG三个层面的设计行为分析，得到了以工程可信、设计可信与品牌可信构成的可信机制；而设计对象的可信则分为对象表达可信与可信验证两部分。对象表达部分通过对逻辑结构VTG三个层面的剖析并结合造型对象的自然（语义）属性以及数字化表达方式，形成了可信设计表达的一体化数据模型——造型原型。而设计对象的可信验证则主要就设计师与用户间的认知评价关系，提出了一个基于认知偏差的可信评价方法。

在综合造型设计的复杂性理解，以及设计的价值判断的研究成果后，本章结尾给出了造型复杂性的系统求解思路与系统框架。提出了以语义驱动的原型生成为造型知识辅助工具，和以大规模定制为创新应用的两种针对造型设计复杂性的系统解决方案，提升造型设计和设计辅助的适应性。

第 6 章

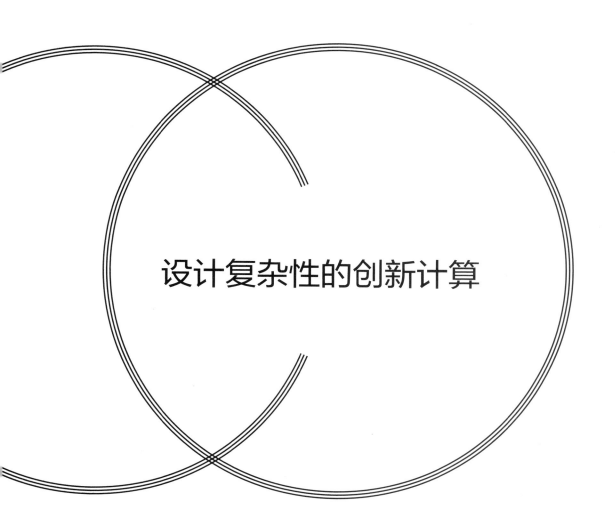

设计复杂性的创新计算

基于复杂性理解的造型设计辅助系统的研究，其出发点在于造型开发过程中，领域间频繁的信息交流与设计迭代，迫切需求设计辅助系统能够将造型设计的经验知识与形面表达计算统一结合起来；另一方面，行业的技术变革也要求设计辅助系统能顺应产品结构和开发模式的变化，提供灵活而具针对性的系统辅助。因此，本章以造型的逻辑深度框架为基础，提出以造型的复杂性理解来提升设计与设计辅助的质量。

本章讨论将以作者参与开发和负责的两个设计辅助系统的研究为基础。其中国家973科技计划子课题主要面对设计对象的创新辅助与设计可信问题；而NOKIA中国研究院的"Grassroots Ideation"设计项目的目标则是探索在移动互联网UGC（用户生成内容）快速发展的背景下，企业如何培养和引导用户创新为企业创造价值。前者主要通过设计对象的创新知识辅助手段重新定义了概念设计的开发模式；而后者主要是通过重组设计流程来应对产业模式创新对传统产品开发带来的挑战。两者分别从设计对象和设计过程方面给出了造型设计复杂性的系统求解方法，也从价值判断与价值选择两方面，回答了设计复杂性的价值与创新问题。

6.1 概述

造型设计的创新计算，包含两个层面的意思。一个层面是在计算机辅助设计的手法上有创新；另一个层面就是能产生有创新意义的计算结果。这两个层面对设计对象本身的把握都提出了很高的要求。在2.2中介绍了"可计算的设计"，本质上是说什么样的设计逻辑（规则）是可计算的，也就是说并不是设计的所有方面都适合通过计算机来处理，而创新正是出现在这计算与不可计算之间。

可信与创新某种程度上是一对矛盾体。可信源于有序，按部就班，稳固可靠；而创新始于灵光一现的创意，是设计中的随机，在创新出来之前无可预言。对于设计辅助系统而言，除了依靠设计师的经验特性获得设计创新以外，总是希望通过对设计知识的捕获与转化后反过来指导设计。这是符合逻辑的一种思路，然而要能成功基于过往经验对未来可能面对的情况做出有效的推断，计算机还有很长的路要走。目前所能做到的是基于案例的推荐（案例推理还谈不上），这对于创新来说可算是聊胜于无了。之所以计算机面对创新束手无策是因为计算机无法像人一样去理解它所面对的对象。计算机所做出的"决定"（应该说判断更准确）都是基于给定条件的，有什么样的输入产生什么样的输出，虽然对大数据的强大处理能力能够使这样的成功判断接近统计学上的最佳概率，但它依旧谈不上是"理解"，因为本质上，计算机不存在关于对象的时间观念，它无法用进化的眼光去看待对象随时间的演化。计算机在这方面的欠缺正是创新设计辅助需要去弥补的。

从设计对象来看，创新计算的对象结构应该保持灵活性。在有序稳定的结构之上，各层面之间的表达与支撑应该具有灵活演变的空间，以支持设计对象的演化。第4章介绍的逻辑深度框架就具有这样的对象结构，在VTG构成的三个稳定信息层面上，设计信息在层面之间的传递具有网状结构的灵活性。体量（V）信息主要由造型手段（T）予以表达，而图式（G）在设计认知中起到引导与解释的线索作用。以现实的汽车造型设计来说，传统汽车造型设计迭代频繁而低效，割裂了造型概念创意与工程结构设计之间的有机联系。首先，设计师通过手绘草图与建模，不断地对设计概念进行完善，设计的时间成本较高[①]；而造型设计输出的曲线曲面模型并不能直接成为工程分析的输入，需先将曲面模型mesh化之后才能使用，这一过程将导致大量设计信息丢失，而一旦工程分析发现结构问题时，又不能快速定位到对应造型问题，造型与工程两方需要大量沟通、协调与修改，这种反复协调的工作一方面使设计师的设计意图难以得到准确表达，另一方面使开发的周期和沟通成本上升，筑起很高的领域门槛，新手设计师不容易把握造型的经验知识。因此，研究提出了以造型原型为核心，以语义为驱动的造型原型生成方法，并以此为基础实现了一个汽车概念设计的快速原型设计系统（以下简称原型系统）。

另一方面，从设计过程看，传统设计系统只针对设计对象的处理给出各种工具，而并没有考虑设计对象的自然设计流程以及设计角色的参与作用，更不用说考虑产品的销售过程与产品用户的使用体验了。然而，网络与新技术的兴起使得产品的设计不再只由少数专家决定，产品用户和普通大众利用网络等新技术也越来越多地参与到设计开发之中，产品设计也越来越讲究用户体验，造型设计不再只是外观问题，而变得越来越立体和多元化。这其中消费类电子产品所受的冲击最大，而汽车产业也出现了如特斯拉（Tesla Motors）这样完全革新的企业。NOKIA中国研究院所推行的草根

---

① Catalano C E, Giannini F, Monti M. A Framework for the Automatic Annotation of Car Aesthetics [J]. Artificial Intelligence for Engineering Design, Analysis & Manufacturing（S0890-0604），2007，21（3）：73-90.

创新研究就是针对这样的背景提出的。在研究中通过对从产品设计到生产线再到销售流程的彻底重组，使得产品设计与体验呈现出全新的面貌。

在后面章节将分别介绍这两个设计系统，尽管两者各有侧重，但在设计开发时，设计对象与设计过程都是两者密切关注的焦点，设计的创新与可信就源于其中。

6.2　面向对象的创新

造型表达是对概念主题的解释，其多样性是设计创造力的源泉。设计师对于设计理解的主观特性，而不是经验共性，造就了设计的多样性与创造性，但主观特性的发挥是建立在领域知识的经验共性基础之上的。然而造型的多样性却带来了可信的问题，这其中市场需求主导着目标选择；设计师的主观特性决定着对设计概念的理解与表达；而用户自有其对于设计的心理原型。这些因素的相互作用共同影响着设计的发展与结果，而它们也共同构成了设计的可信空间，这是设计复杂性价值的一种体现。

因此，从复杂性的角度构筑设计辅助系统，即解决设计多样性与价值判断之间的矛盾，其表现为设计可信的问题。多样性的保证依赖于对设计对象知识的掌握，在传统设计实践中，这来源于设计师长年累月的专业训练。而通过设计辅助系统就是要将这种隐性的经验知识外显化，依据设计角色的不同，将设计对象的知识信息显式地传达给他们，以缩短设计理解的时间，降低领域知识的门槛，促进设计角色间的交流，从而激发出设计的多样性与创造性，促进解决设计的复杂性问题。而设计价值的判断，有赖于不同角色对于设计的认知理解，在一个相互关联的信赖关系之下，形成对设计的选择压力，从而驱动设计的发展，达到多样性与价值之间的平衡，从整体上把握设计复杂性的价值。

所以，要借助设计复杂性获得设计的创新，在设计辅助系统上需要解决两个主要问题：一是要将关于设计对象的经验知识与形面表达统一在一个逻辑框架下进行处理；二是要从系统层面上对设计对象的数据结构进行梳理，并结合系统用户的不同而区别对待，从深度上帮助用户理解和把握设计对象，并将用户的经验特性应用其中。第一个问题是造型知识处理的基础，是区别设计系统属于造型工具还是属于创意辅助系统的关键；而第二个问题更关乎设计知识的有效性与可信性，是设计辅助的核心问题。对于前者，第4章已做了大量研究，理论层面上将设计对象的形面表达与经验知识统一在以逻辑深度框架为基础的造型原型之下，然而模型的应用仍然是一个难点，知识辅助与设计驱动也有赖于此。在本系统的设计中，我们采用语义驱动的方式，来实现从经验知识到造型实体之间的转变，以达到造型理解和设计驱动的目的，实现智能化的设计辅助与创新。

6.2.1 语义驱动的原型生成方法

在第4章中介绍了造型原型，它是基于逻辑深度框架的设计对象的信息集合，也是设计表现的实体。系统的对象操作均是在原型的某个信息层面上进行，因而技术上要求能通过设计信息与经验知识快速地生成造型原型。

前期概念设计阶段的主要任务是确定汽车的功能定位、整体造型的风格以及明确相应的工程硬点约束。这一阶段需要设计师在了解汽车的目标定位后，依据汽车的基本尺寸和硬点参数对目标设计空间进行限定，设定车身造型的总体态势，并以此为基础进行细节特征的设计，逐步求精[①]。在这个过程中，体量的调整十分重要，带给人强烈的视觉感受，或稳重或轻巧，形成车身造型的初步概念，"原型"的概念也来源于此。一方面，原型体现车身的外形特点，决定汽车的整体气质；另一方面，它为进一步的设计工作打下基础。在造型过程中，车身形态蕴含着语义信息，而语义信息也可以驱动汽车的造型。语义本身固化着知识，对设计工作起重要的辅助作用。汽车原型承载着车身体量的多种特征信息，研究提取出体量层面的语义信息，在系统操作层面称之为"特征语义"。体量层面的特征语义又可以进一步归纳为两类：

1）车身的尺度、比例信息所蕴含的尺度语义；

2）造型姿态、风格特点所蕴含的姿态语义。

尺度和姿态相辅相成，刻画了车身的造型特点。用特征语义驱动汽车原型的构建，能够集成和复用设计知识[②]，简化造型设计的工作。

语义特征建模是CAD研究中的热点。特征是一种相较于几何与拓扑更高层面的信息，更加适用于产品的设计、分析和制造[③]。有学者[④]提出了一种用于知识表示和推理的语义特征建模框架，但该方法主要着眼于工程而非造型领域，而产品造型需要充

---

① 严扬，刘志国，高华云. 汽车造型设计概论[M]. 北京：清华大学出版社，2005.

② Cai H, He W, Zhang D. A Semantic Style Driving Method for Products' Appearance Design [J]. Journal of Materials Processing Technology（S0924-0136），2003，139（1）：233-236.

③ Bronsvoort W F, Jansen F W. Feature Modelling and Conversion — Key Concepts to Concurrent Engineering [J]. Computers in Industry（S0166-3615），1993，21（1）：61-86.

④ Liu Y J, Lai K L, Dai G. A Semantic Feature Model in Concurrent Engineering [J]. IEEE Transactions on Automation Science and Engineering（S1545-5955），2010，7（3）：659-665.

分理解美学属性和几何元素之间的关系[1]，通过语义特征来确定造型是一种可声明的造型方法，特征的所有属性可以通过各种约束来进行表示。对汽车造型中语义空间和几何空间的映射关系也被广泛讨论[2]，一种根据目标特征对造型进行修改的方法也被提出来[3]，但该方法的语义特征关系仍有一定的模糊性。而另一种美学自动释义框架也被提出来[4]，它涵盖了造型的细节特征，但其流程相对复杂，不适合快速建模。

因此，在以上研究的基础上，本书研究提出了基于特征语义的汽车原型快速生成方法，具有以下方面的特点：

（1）快速。相较于传统的原型设计工作，该方法能够快速地确定和生成汽车原型，节省时间成本；

（2）半自动。该方法采用半自动的方式，整合客观设计知识和设计师的主观操作，交互简单，降低了人力成本；

（3）可视化。该方法实时生成用于可视化的直观三维模型。

1. 语义驱动的方式

通过特征语义的驱动自动生成汽车原型的三维网格模型是原型生成方法所要达成的目标，然而由语义直接驱动模型的几何参数是相当困难的。研究采取的方法是将造型对象视为一个整体考虑，在车型分类的基础上，通过原型研究实验的数据[5]，构建车型原型的初始模型，再在初始模型的基础上通过特征语义的具体参数对模型进行修改操作，进而生成目标造型原型，作为细节设计的输入。

为了驱动三维模型的修改，研究提出了"车身控制面"的概念。控制面是根据初始模型的轮廓而设定的多张虚拟的参考平面。这些平面与车身上的关键形面直接相关，对车身形成围合之势，形成了一个车身形状的多面体，特征语义直接驱动控制面的变化，而控制面通过与关联实体形面的关系差别来对车身各部分形面变化进行调整，从而避免特征语义直接驱动三维模型的难点，而是通过"面对面"的间接控制，指导目标三维模型的生成（图6-1）。

[1] Giannini F, Monti M, Podehl G. Styling Properties and Features inComputer Aided Industrial Design [J]. Computer-Aided Design andApplications（S1686-4360），2004, 1（1-4）: 321-30.
[2] 谭浩，赵江洪，赵丹华. 汽车造型特征定量模型构建与应用 [J]. 湖南大学学报（自然科学版），2009, 36（11）: 27-31.
[3] Hsiao S W, Wang H P. Applying the Semantic TransformationMethod to Product Form Design [J]. Design Studies（S0142-694X）,1998, 19（3）: 309-330.
[4] Catalano C E, Giannini F, Monti M. A Framework for the Automatic Annotation of Car Aesthetics [J]. Artificial Intelligence for Engineering Design, Analysis & Manufacturing（S0890-0604），2007, 21（3）: 73-90.
[5] 李然，赵江洪，谭浩. SUV汽车造型原型获取与表征[J]. 包装工程, 2013, 34（014）: 26-29.

在第3章的研究中发现汽车造型的整体性认知主要是以体量为表达的，就角色认知而言它表现为语义信息，在系统内将之称为"特征语义"，是汽车造型设计的入手点。依据实验结果，将体量层面的特征语义划分为两部分，尺度语义和姿态语义。

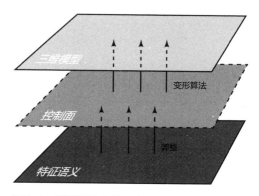

图6-1　模型驱动方法示意图

（1）尺度语义：汽车造型的尺度是指造型设计中直接与结构尺寸相关联的硬点参数及关系，包括汽车的主要尺寸以及一些比例关系，如车长与轴距、车长与车高的比例等。比例关系的差异形成了不同车型的整体造型感，是人们对于体量认知的第一印象。

（2）姿态语义：汽车的姿态主要指汽车造型中体现出的整体"动势"。姿态主要由整车造型的轮廓线与某些特征线的走势及其夹角关系带给人们的整体感受形成。

尺度语义和姿态语义都属于相对高层的语义信息，不能直接被计算机识别和处理，因此需要把语义转化为具体可操作的数值参数。尺度表示车身各部位的尺寸、比例，可以转化为车高、车长等参数化信息；而姿态由特征线走势和夹角形成，也可以转化为车头角度数等参数化信息。研究通过实验选取了若干具有代表性的尺度语义和姿态语义作为系统的输入指标，尺度方面包括：车高，轮距，轴距，前悬、后悬位置，窗底线高度，离地间等；姿态方面包括：车头角，A 柱倾角和三线关系，其具体参数含义如图6-2所示。

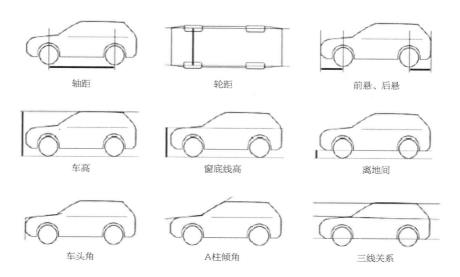

图6-2　特征语义具体表征参数

2. 形面的控制

为了规避语义直接驱动三维模型的技术难点，研究创造性地定义了若干车身控制面，以控制整车体量的调整。控制面以车身的几个重要的形面为基准，把车身完整地包围起来。这些面相互交错，形成多面体，近似于一个汽车形状的盒子（box），如图6-3（a）所示。这个包围体较好地反映出了车身在体量方面的各种特征，同时通过在三维空间中与关键形面间的定位关系简化了模型变形时的驱动控制。

控制面的确定取决于车型。研究针对SUV这一车型设定了12个控制面，如图6-3（b）所示。侧视图大致显示了车身的轮廓形状。12个控制面的位置或角度可以在规则限定内调整，而整个车型轮廓将跟随变形。例如，沿 x 轴调整控制面1或控制面6的位置，车身将会被拉长或缩短；旋转控制面1或控制面2，车头角的角度将被改变，从而产生造型上的变化。

在特征语义部分介绍了体量层面特征语义的具体表征参数，这些参数将驱动相应控制面进行空间变换。对控制面定义两种变换操作：

（1）平移。控制面沿某指定向量进行平移变换，为简化操作，设定控制面仅允许沿着正交的三个坐标轴方向移动；

（2）旋转。以某两个控制面的交线为轴，对其中某个控制面做旋转变换。尺度语义参数主要驱动控制面的平移变换，姿态语义参数主要驱动控制面的旋转变换。

尽管如图6-3所示绘制的控制面是有边界的，但在系统中控制面是虚拟平面，每个控制面都是无限延展的，以保证变换操作时控制面依然可以围成类车身的多面体。对每个控制面的变换范围设定约束，以保证车身不会有过大的形变而变得不真实。该约束由车身设计的经验知识决定。调整规则主要由三方面内容确定：

（1）特征语义参数对应的控制面；

（2）对控制面采取何种变换操作；

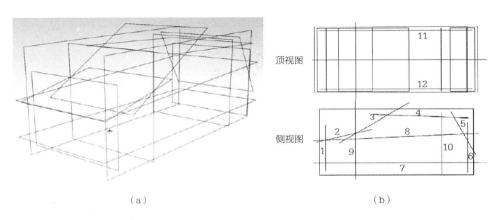

（a）　　　　　　　　　　　　　　（b）

图6-3　车身控制面示意图

（3）控制面变换的约束范围。

如表6-1和表6-2所示，分别为尺度语义和姿态语义所对应的控制面以及变换操作方式。需要说明的是：如表6-1所示中的坐标轴为右手坐标系，由于车身是关于x-y平面对称的，所以轮距的调整只需要调整11或12某一个控制面，另一个控制面做对称变换。如表6-2中所示，旋转轴$x \cap y$表示控制面x与控制面y的交线。平移和旋转变换的具体大小和方向由用户输入决定。

尺度语义驱动控制面的规则说明　　表6-1

尺度语义	控制面编号	平移方向
轴距（前轴）	9	x轴
轴距（后轴）	10	x轴
前悬	1	x轴
后悬	6	x轴
轮距	11/12	z轴
车高	4	y轴
窗底线	8	y轴
离地间	7	y轴

姿态语义驱动控制面的规则说明　　表6-2

尺度语义	控制面编号	旋转轴
A柱倾角	2	2∩3
	3	2∩3
车头角	1	1∩2
	2	1∩2
三线关系	8	8∩1
	4	4∩3

3. 驱动形面的算法

控制面的调整依赖于每项特征语义的具体输入。考虑到设计师在进行设计时倾向于视觉感受的比较而非确定参数的输入，所以在交互方式上采用鼠标拖拽调整的直观操作方式，用户主要在二维平面上进行操作，对应的控制面将进行相应的三维空间变换。如图6-4所示，为控制面调整示意图。其中上图所示为车高、离地间的调整操作。红色手柄a、b控制相应控制面的平移变换，a和b所对应的控制面分别为4和7。鼠标拖动产生的平面位移将线性映射到空间位移的一个距离值d，上移、下移分别对应平移单位向$v=(0,1,0)$和$v=(0,-1,0)$，由此可计算出控制面的平移向量dv。姿态语义的操作也是类似。如图6-4所示，为A柱倾角的调整操作，黄色线条c和d分别对应控制面2和3，交点V对应控制面2和3的交线。用户拖动c或d来调整夹角$\angle cvd$的大小（V点固定不动），对应到三维变换中，即以2∩3为轴，分别旋转控制面2和3，旋转角度与用户的调整角度一致。

前文提到控制面是通过在三维空间中与关键形面间的定位关系来驱动实体模型的变化。而控制面的变换分为平移与旋转两种。平移变换的基本思想是，距离控制面越近的点，位移越大；距离控制面越远的点，位移越小（类似于受力情况）。需要设定控制面影响的区域大小，令控制面影响的极限距离为r，即初始状态下和控制面距离超过r的元素不会参与变形。若控制面平移了距离d，则原距离控制面为r_1的点沿平移向量平移的距离可表示为$f(|r_1/r|)\times d$。函数f是选择的权值函数，满足性质$f(0)=1, f(1)=0$。最简单的函数选择是$f_1(x)=1-x$，但是f_1在0和1处不存在导数，仅能达到零阶连续。如果期望变形过程较柔和，可以选择在边界处有高阶连续的函数，比如函数$f_2(x)=(1-x^2)^2$在边界0和1处达到一阶连续，实际效果更好。

以窗底线高度的调整为例来说明平移操作的变形算法。要在车身整体的长宽高不变的情况下调整窗底线这一造型特征在车身上的位置高度，需要通过控制面8在y轴方向的平移来实现。如图6-5所示，设定该控制面上方的极限影响为窗底线到车顶盖的距离r_1，控制面下方的极限影响距离为车底盘到窗底线的距离r_2，这样可保证在对三维模型施加变形时，车身整体的车高和底盘高度仍保持不变。设窗底线所在的控制面为$P_1: z=h_1$，该控制面向上平移距离d_1（若向下平移，d_1取负值）。对窗底线上方和下方的点进行分别处理，变形公式如下：

$$(x,y,z) \to \begin{cases} \left(x,y,z+f\left(\dfrac{z-h_1}{r_1}\right)\times d_1\right), z \geq h_1 \\ \left(x,y,z+f\left(\dfrac{h-z}{r_2}\right)\times d_1\right), z < h_1 \end{cases}$$

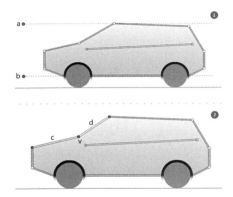

图6-4　控制面调整示意图

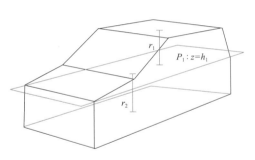

图6-5　窗底线调整算法说明

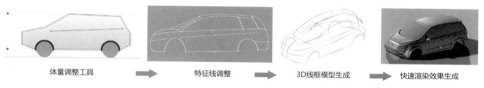

体量调整工具   →   特征线调整   →   3D线框模型生成   →   快速渲染效果生成

图6-6　快速原型生成的效果

而控制面的旋转变换导致的三维模型变形要相对复杂一些。其基本思想与平移变换类似，即距离控制面越近的点，变形越明显。参考Wire Deformation算法[1]，处于控制面P上的点，变形之后仍然处于控制面相应的位置；离控制面P越远的点，由控制面旋转操作产生的形变量越小。设控制面为$P: ax+by+cz+d=0$（满足$a^2+b^2+c^2=1$），极限影响距离为r，P绕控制面内的有向直线$l_1: l_2(t)=A+t×d_1$旋转角度$θ$。若求某一点T_0在旋转变形之后所处的位置，分以下5个步骤：

（1）计算T_0到控制面P的距离：$r_0=aT_0·x+bT_0·y+cT_0·z+d$，以此确定$T_0$对应旋转的角度$θ_0=f(|r_0/r|)θ$；

（2）将点T_0投影到平面P得到点$T_p = T_0 - r_0×(a,b,c)$；

（3）点T_p根据直线l_1旋转角度$θ$，获得旋转变形之后T_p对应的点T_p'；

（4）点T_0按直线$l_2: l_2(t)=T_p+t×d_1$旋转角度$θ_0$得到点T_1；

（5）T_1平移向量$f(|r_0/r|)×(T_p'-T_p)$得到点T_2。T_2即为T_0变形之后对应的点。

基于上述的变形算法，通过控制面的平移与旋转操作就可以实现对模型整体形变的控制，而控制面的调整又是由特征语义来驱动的，从而实现了从语义驱动的快速原型生成。如图6-6所示，原型生成的效果。

6.2.2　系统的设计

在理想的情况下，当设计对象的经验知识与形面表达能够在一个统一的逻辑框架下进行处理，那么造型创新的问题就只在于设计角色对于设计对象理解的深度了。这一点反映到设计辅助系统上，则是对设计对象数据结构的把握与运用。

汽车概念设计的快速原型设计系统作为汽车造型设计全流程开发辅助系统的一部分，主要针对造型设计前期的概念设计阶段的设计辅助。对于概念创意的辅助以及设计可信的保障，研究认为系统作为辅助设计的工具最为重要的三个方面是：激发、记录和比较。多样性与创造性是概念创意设计过程中最为关注的问题，系统从信息对象的各个层面都需要激发这两点；不论是设计推演的判断，还是设计可信的评价都离不

① Singh K, Fiume E. Wires: A Geometric Deformation Technique[C]// Proceedings of the 25th Annual Conference on ComputerGraphics and Interactive Techniques. USA: ACM, 1998: 405-414.

开记录，不管这种记录是以时间为坐标，还是以任务流程为经纬，它都需要包含设计对象的各个层面信息，记录的组织与展现本身就是一定程度上的可信；而比较是决策的基础，是从多样性通向创造性的大门。比较在设计对象的各个信息层面展开，帮助不同设计角色掌握相应的设计信息。这三点是整个系统的设计理念，贯穿于系统设计的方方面面。因此，研究提出了3条系统设计的思路：

（1）统一的数据模型；

（2）完整的流程记录；

（3）对象化的设计处理过程。

1. 数据结构的设计

对于数据结构的把握，不仅关乎设计对象本身，更与参与设计的人密不可分，设计的发散与收敛，评价与可信都是建立在设计角色的设计认知之上。在传统的汽车设计流程中，一个设计师在设计进行的不同阶段会要面对关于设计对象完全不同的数据对象（图6-7），这些对象不仅在数据格式上区别很大，在所含内容的表现形式上也千差万别。之所以会有如此多不同的数据对象，是因为各个设计阶段针对的设计问题不一样。草图阶段着重的是创意；概念初期权衡的是造型语义与整车体量；模型细化阶段需要油泥来推敲形面；工程分析的是骨架与结构强度；最终的设计优化则会考虑材质与形面光影。在产品智能化的今天，以人机交互为代表的体验设计也加入到设计师的问题清单中。这些都使汽车设计成为一个典型的复杂设计问题，而反观现在的造型设计系统，除了个别系统包含了造型特征信息外，多数系统的数据对象还是以曲面模型为代表的单一数据结构，不仅不能涵盖造型设计内部的设计需要，在设计与工程的交流中还需要经历曲面模型到网格模型的转换，而导致大量设计信息的丢失。值得指出的是，这一问题的出现并非系统设计的疏忽导致，而是基于领域需求的不同而出现的底层数据差别，曲面模型并不适合工程分析，而网格模型

概念发散　　体量分析　　草图阶段

图6-7　设计师不同阶段所面对的不同数据对象

又很难达到设计师对于形面控制自由度的需求。然而行业内部已开始尝试统一数据模型，尽管还有很多难题需要解决。

针对上述设计过程中多种数据对象的现实需求，本书研究提出建立一体化数据模型的概念。草图、油泥模型、渲染效果图等是汽车造型问题中多面一体的各个元素，它们应该构成统一复合的多元数据模型，就系统用户而言，该数据模型是设计对象的唯一表达，在不同设计阶段，将呈现同一对象不同层面的设计信息以供用户查看与编辑；而对底层系统而言，用户对数据模型不同层面信息的操作都应该能反映到最终的设计对象上，并且在不久的未来能统一底层的模型格式。依据设计过程中的需求，一体化的数据模型主要分为：体量、草图、数字油泥、情境与造型语义5个层面（图6-8）。

体量，反映的即是前文所述的体量信息，在系统中的表现如图所示，通过最直接的造型框架来反映基本的体量信息，并通过用户调整后快速生成的原型线框来直观地反映整体造型的体量关系。

草图，主要用于创意发散，与传统纸面草图不同的是，系统中的草图将直接在快

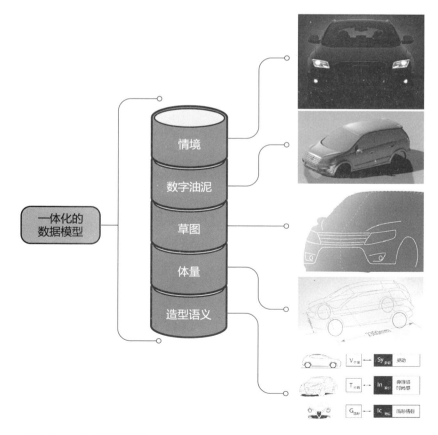

图6-8　一体化数据模型

速原型上进行绘制，以帮助设计师更为准确地把握造型关系。

数字油泥，模拟现实中的油泥作用，通过推挤、刮等自然的交互方式在虚拟空间中完成模型的细化，这一层面在模型精度、曲面质量与格式转换上仍然存在很大的技术难度。

情境，即快速的环境渲染，主要用于设计后期快速查看造型效果与产品使用环境，以及满足灯光设计、CMF设计等的需求。

造型语义，记录造型设计的语义信息，用于可信评价，语义驱动的原型生成等方面。

2. 过程记录与设计迭代

一体化的数据模型为完整的流程记录提供了条件；而设计迭代本身的复杂性也要求设计过程的完整记录。概念完整性是设计可信的重要指标，而"记录"正是从过程上保证概念完整性的重要手段。所谓记录，并不是单纯地保留设计过程所产生的设计信息，它是一种主动地捕捉，目的是反映设计对象的状态，和保留设计发展的过程。这有些类似于摄影，关键的不是按下快门，而是摄影师的视角，以及他想表达的内容（图6-9）。类似的，在现有设计软件中均有历史记录，可以让用户回退到上一步操作，然而这并不是"记录"，而只是"痕迹"，返回的是上一个时间点，设计的关联无从找起，设计的脉络更是模糊不清。而更进一步的，像Alias这类专业汽车造型软件能够记录线与线、线与面以及面与面之间的历史关系（history），当用户修改先前创建的线或面时，处在修改对象之后生成，并与之有关联的造型对象都会随着被修改者的变化而在一定限度内自适应地调整。对于造型设计来说，这是很有用的一类功能，形成特征的一组造型元素互相之间具有较强的关联性，当其中之一被改变时，相关联的元素会自动进行调整以适应改变。而当这种改变过于剧烈，以至于无法通过调整自适应时，原有的关联将被打破，造型元素所组成的特征也不复存在。这便是一种记录，从时间与设计脉络上对造型元素的存在给出了定义，因而，在这一层面上，造型元素的存在也就有了可信的基础。

Alias的历史记录固然是一个很棒的功能，但这依赖于系统底层的曲面造型技术，已超出本书专业领域的研究范畴。相较于Alias对于

图6-9 摄影所记录下的城市一天的变化
（图片来源http://fqwimages.com）

造型元素之间关系的记录，概念设计辅助更需要对设计概念发展过程的记录，使得概念演化能够被追溯与回顾。即通过记录，在时间与空间上对设计概念进行定义与完善，从而保证设计概念的完整性。通过记录，设计概念不再是孤立的对象，而是在时间上有发展轨迹，在空间上有演化脉络的饱满实体。与Alias的历史记录不同，本书提出的"记录"关注的是设计概念这个整体以及它的演化。在系统中，设计概念始终处于主体位置，设计的输出也不再是单一的数字模型，而是综合了数模、设计语义链、可信评价和标杆/参考在内的多元信息输出，并且在系统内部各个设计轮次相对独立，可以串行或并行操作，概念的输出是以设计轮次为单位的，从而避免传统设计过程中的文件混乱，并将设计过程信息完整保存下来供设计师参考，以确保概念的完整性。

将设计概念整体作为系统的输出，并将设计轮次作为相对独立的进程处理是系统辅助的创新。将概念整体作为系统对象可以使用户对于设计的把握更加全面，而不是局限在个别模型或方案上。独立的设计轮次处理也加强了这种作用，并且使设计的组织更加灵活。如图6-10所示，是系统展示设计轮次信息的局部界面，设计轮次从上至下依次排列，并可以自由添加新的轮次。当前操作的轮次会被展开显示以供操作（图6-10中为终轮）；而其他轮次则被收起，并显示该轮次设计概念的整体信息，包括设计评价、用户与标杆语义链、设计语义以及该轮次模型结果。这些设计轮次的概要信息能够帮助用户进行当前的设计修改，并且不用担心会影响到之前的设计输出。本质上，这样的处理是出于概念设计开发的需要。

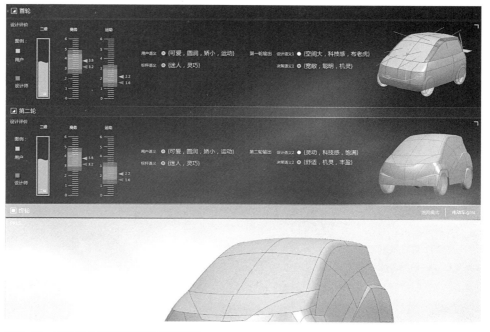

图6-10   设计轮次信息的局部系统界面

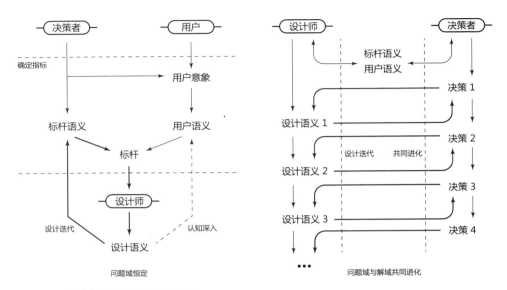

图6-11　概念设计开发的两种情况

　　对于概念设计而言，主要有两种情况：一种是问题域恒定的概念设计；另一种是问题域与解域同为变量、共同进化的概念设计。前一种情况对应的是有比较明确的开发目标的设计；而后一种情况比较常见，是在逐步的探索中完成对概念的理解与设计的定义。如图6-11所示，左边是问题域恒定的设计情况，设计决策层会给出一个明确的设计问题，然后由设计团队对其进行解读以获取设计概念的语义信息，从而明确用户原型、构建设计标杆、确定设计主题，供设计师进行深入设计。设计过程中依然会有迭代，但设计问题域相对稳定；而右边的图反映的是问题域和解域共同进化的设计。这种情况下设计师与决策层经常处于平等的位置，设计问题通常由设计师提出，并且设计过程主要由设计师推动，设计师就问题给出解释，再由决策层评估问题与解，并对问题做出修正反馈给设计师，设计师再就新问题进行发散并提交设计解供评价，如此往复推动设计发展。可见，相对独立的设计轮次处理可以很好地覆盖这两种情况。以概念整体为对象在单个轮次内部可以形成微循环；而多个轮次的组合又可以形成有效的设计迭代，在系统内部轮次的展开可以有效呈现设计的过程信息，保证设计概念的完整性。

3. 设计驱动的方式

　　在明确了数据模型，厘清了设计流程之后，设计对象的具体操作便可以展开。研究提出"对象化的设计处理"是指将复杂的汽车造型设计对象化，使得不同的设计信息层面拥有对应的数据形式，且具有明确的操作对象与处理方式。这就使得不同的设计角色能够有效地参与到设计过程中，并在合适的信息层面上来对设计对象施加作用。对象化的处理离不开对系统数据模型的把握。如图6-8所示，将数据模型分为体量、草图、数字油泥、情境与造型语义5个层面。而根据设计过程的分析，研究将系统的对象化处理分为原型、驱动、体量、情境与评价这样的5个阶段。本质上，对象化处理就是对数据模型的应用，但其更多的是从设计角色的角度来考虑数据模型的使用。因此在命名上也有重复的情况出现，如体量与情境，但并不表示在体量阶段就只用到了数据模型中体量层面的信息，而只是表明体量信息是该阶段主要考虑的对象，实际上每个阶段都会有多个层面的数据对象参与其中。5个阶段基本上成线性顺序构成了一个设计轮次的微观设计流程，但在系统流程上并不严格限制阶段顺序，本质上它仍然反映的是设计对象的各个信息层面，可以在各个阶段间自由切换，以供用户编辑对应层面的信息。

"原型"阶段主要是将造型的经验知识内化为系统的造型原型以帮助系统用户掌握对应车型的核心要素并且作为设计启动的入口。根据研究的进度，该阶段目前将汽车造型设计暂分为4类造型原型，分别是：微型车、跑车、轿车和SUV，每类原型均给出轮廓图，并依照VTG的结构给出了相关的造型语义以明确提示该类车型的主要造型空间（图6-12）。用户明确选择一类原型开始设计，而在原型之后是更为具体的设计信息。

在"驱动"阶段，当用户选定原型之后，系统将提供通过语义驱动调整造型原型的工具（图6-13）。语义驱动是通过语义量尺的方式来对初始原型的外形进行调整。其中的语义主要基于"原型"阶段所标示的造型空间。这一阶段的目的是为了方便用户将初始的车型原型快速地调整到自己所需的体量感觉。当用户调整好想要的造型语义，系统将综合该类车型的历史数据计算出接近设定语义感觉的造型原型。其中还包括一些图式层面的、不易于语义参数化的造型元素（如扰流板、轮拱造型等）供用户手动调整。

"体量"阶段是用户深度调整造型的阶段。这一阶段首先是根据"驱动"阶段的语义设定生成3D的造型线框模型，然后系统通过6.2.1中介绍的控制面算法为用户提供精确控制原型体量的设计工具（图6-14），此外，调整好体量的3D原型可以任意角度输出成底图，方便设计师在之上绘制草图与效果图。在未来的研究中还将加入数字油泥的功能，以实现对形面的直观修改。

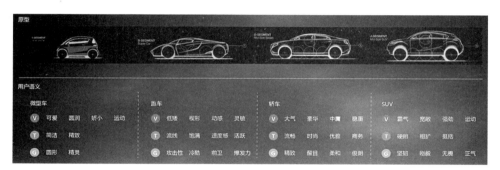

图6-12　原型阶段的局部界面

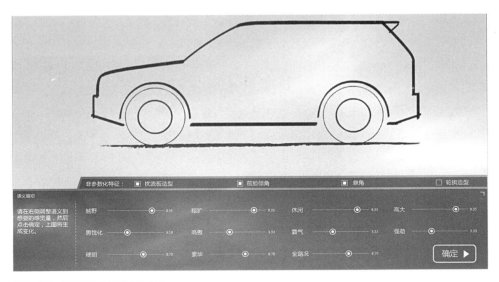

图6-13 语义驱动的原型调整

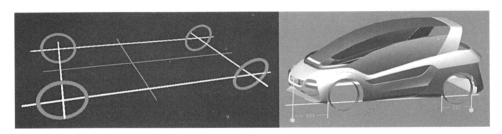

图6-14 体量调整工具

"情境"阶段的一个主要功能即快速环境渲染。传统设计流程中，造型的渲染需要首先将模型导出为网格模型，经过网格优化后，由设计师在渲染软件中手工为每一个独立网格面附上材质，并设置好灯光、环境之后，系统才能渲染出效果图，这一过程相当耗时而低效。而在原型系统中，系统能根据车型来虚拟出汽车的使用环境，并且由于造型原型包含了基本材质信息，因而能快速、自动地为调整后的模型赋予材质，从而帮助设计师在相对真实的环境中快速地把握造型的感觉，评估设计结果。如图6-15所示，是"情境"阶段的一种系统使用概念图。图中为设计师在做车灯设计时，系统的使用情景。有了快速环境渲染的帮助，设计师能够方便而准确地把握车灯设计所要传达出的造型感觉，从而在"所见即所得"的环境下完成车灯的造型设计。

"情境"阶段的设计工具不仅为造型设计提供了方便，也使得评价设计变得更加直观而可信。通过5.2.2的研究可知，"评价"阶段主要考察的是设计师对于造型的感觉与用户之间的差异，这其中就涉及设计结果的可信问题。通过5.3的研究，在基于可信认知模型的评价方法上，可以获得设计师与产品用户间的认知差异，并在此基础上构建出设计可信的等级，以供设计师与决策者参考。在原型系统的设计中（图6-16），汽车用户对于原型与标杆的认知可以通过调研与实验收集得到，并整合到造型原型的设计信息中。而设计师通过在"评价"阶段对标杆和当前设计结果进行语义评分，就可以与系统内的用户数据进行比较，从而得到当前设计的可信等级，以及在造型语义上的偏差程度。"评价"的结果也会保留到设计轮次的信息概要中，方便系统用户从设计过程上整体把握设计概念的演化过程。

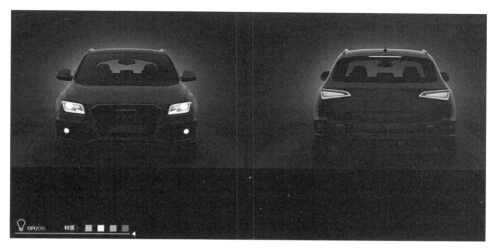

图6-15　"情境"阶段系统使用概念图

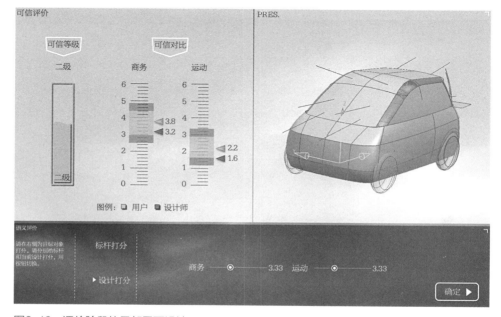

图6-16　评价阶段的局部界面设计

4. 系统交互界面的设计

　　原型系统设计理念上的创新对系统的界面设计也提出了挑战。由于设计对象各个层面信息的形式不尽相同，因此信息呈现的形式也多种多样，所以界面的布局要相对灵活，以方便组织与容纳各方面信息；另一方面，对象化的处理与设计轮次的设定，又要求界面的层次关系要稳定而鲜明，从而避免用户在复杂的对象层级之间迷失方向，同时轮次结构要清晰，设计过程信息的对比要鲜明，才能充分发挥设计轮次对于设计组织的作用，又不会使用户陷入复杂的流程跳转的问题之中。这与传统设计系统的界面设计有很大的区别。以设计结果为导向的传统设计辅助系统的界面设计都是以提供工具为主，整个系统如同一个工具箱，系统界面并不反映设计对象与设计过程的结构与信息，而更多考虑的是如何组织与呈现各种设计工具，所有过程性的信息和考虑都是用户在心里加工完成的。而在面对如汽车造型设计这样的复杂对象时，提供了设计对象信息，并以设计过程为组织方式的原型系统设计对用户来说则更加友好。系统设计的这些思想主要体现在界面布局上（图6-17）。

　　依据传统软件的使用习惯，界面设计上依然采用左右主次两栏的整体布局形式，但在细节上又区分出了一些小的灵活空间，正是这些细节掌控着设计对象与设计过程的层次关系，同时又不使操作过程过于复杂。如图6-17所示，作为主体的主控区的上部分割出了一栏（4号），作为设计轮次的标签栏，它统管着下面整个主控区，当添加了多个设计轮次后，轮次的标签栏会依先后顺序在主控区域纵向堆叠，同时只有一个轮次的标签栏会高亮展开以显示具体内容供用户编辑，其他轮次的标签栏会变暗并收起，只呈现该轮次的过程概要信息供设计参考，整个中部区域可以纵向滚动，从而进入过程浏览模式，方便对比设计过程信息（图6-18）。每个轮次标签下的内容相对于

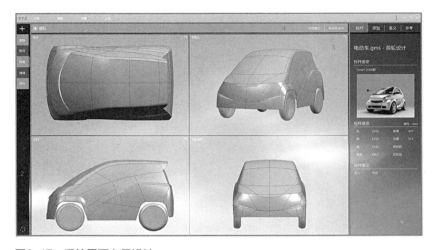

图6-17　系统界面布局设计

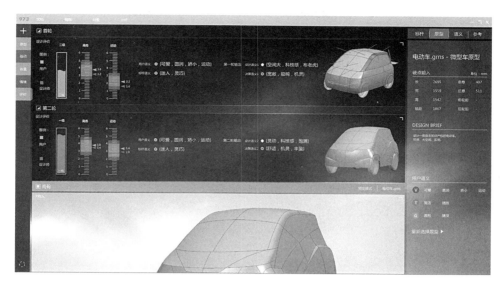

图6-18　多设计轮次的界面布局设计

其他轮次独立，后添加的设计轮次可以选择是否继承前一轮的设计结果，并且轮次标签可以自由拖动进行排序，在顶端轮次标签左侧的大加号则是添加新轮次的按钮。"加号"下方的长条区域（图6-17中2号）被称为"数据结构栏"，其上标签对应的则是对象化处理的各个阶段，而背后揭示的则是数据对象的各个层次信息。点击其中某个标签会有红色指示灯提示当前所在层级，并且主控区和界面右侧的"属性/参考区"将会相应的进行切换以显示与对应阶段所需要的设计信息和工具，这些信息和工具被分配到标杆、原型、语义和参考4个板块下，且可以根据需要由用户自由切换。"数据结构栏"与"属性/参考区"都留有余地，在后续研究之后可以添加更多的层级与内容。从界面安排上可以发现都是以纵向结构暗示设计对象的层次关系与设计过程的组织顺序，而在整体上又遵循了左右操作的使用习惯。整个界面布局清晰、内容简洁、信息明确，避免了将复杂对象过度暴露给用户而带来的使用困难，很好地贴合了设计辅助系统的创新设计理念。

6.2.3　小结

本节的研究通过明确激发、记录和比较的系统设计理念，在数据模型、流程记录和对象化处理三个方面对造型辅助设计系统进行了全新的定义。系统设计突出了设计对象的结构化信息，并将这些信息以层次化的方式展现给系统用户，以强化在设计过程中的原型、体量、情境、评价等设计阶段的知识辅助。除了在设计对象上的创新辅助之外，在系统流程上也首次将设计轮次作为设计组织的方式加入到系统设计之中，各个设计轮次相对独立，以方便根据设计的实际情况灵活组织设计开发，同时轮次记录中包含完整的设计过程信息，在轮次列表中能够纵览所有设计过程的信息，帮助设计决策者把握完整的设计概念。

系统的设计从面向对象的角度，将设计复杂性的结构引入设计的系统求解之中，解决设计多样性与价值判断之间的矛盾，从整体上把握设计复杂性的价值，提高设计的可信性，促进设计复杂性问题的解决。

6.3 面向过程的创新

价值判断与价值选择是把握设计复杂性价值的两个方面，也是设计系统在应对设计复杂性问题时的两种思路。在面向对象的系统创新中采取的是前者，而在应对产业模式创新所带来的价值调整的挑战中，通过大规模定制来重组设计流程与设计对象，则采取的是后者的设计思路，目的则是要利用设计复杂性所产生的多样性与可能性，来满足不断增长的设计需求，将对设计的创新问题，转化为对设计可能性的挖掘与选择，从而解决设计创新的问题。然而具体的设计问题有着广泛而深刻的复杂性，本节所列举的系统设计是对这一问题的有益思考之一。

大规模定制（Mass Customization，MC）是继大规模生产（Mass Production）后为应对细分市场与激烈竞争而自然产生的一种生产和商业模式，它强调产品生产过程的灵活性同时要求成本控制在合理低的范围。本质上MC是基于产品价值链的概念，它让用户介入到产品生产与递交过程，将用户的个人需求分散到产品生命周期的各个环节，灵活配置产品流程，以满足用户多样化的需求。大规模定制同时也对造型设计提出了挑战，完全自由化的定制似乎能满足所有人的需求，然而造型设计领域的知识门槛决定了绝大多数人缺乏造型设计的经验与知识，而造型定制的自由化必然导致产品质量的下降与加工成本的剧增，最终反而使得多数需求不被满足。因此，对造型定制自由度的把握是整个MC的一个难点，需要对定制对象的造型与结构知识有充分的认识，同时定制过程要有精心的设计，以引导普遍不具备造型设计知识的用户顺利完成定制过程，并保证设计质量。

MC的这些特点使得网络平台非常适合产品的定制与销售，因此平台的交互设计不仅直接影响到用户体验和产品认知，还直接干预到产品的生产与装配，颠覆了整个产品的设计开发流程。这反映到系统设计之中，则要求对象模型的结构应该保持灵活性。在有序稳定的结构之上，各层面之间的表达与支撑应该具有灵活演变的空间，以支持设计对象的定制与修改，产生足够多的设计可能性，以应对设计模式与结构的变化。这些是从面向过程的角度，通过大规模定制的价值选择方式，来解决特殊的设计复杂性问题时的思考重点。

6.3.1 大规模定制的概念与深度

广义上，大规模定制指借由高效敏捷流程和灵活集成来为每个用户提供独立设计产品与服务的能力[1]。研究表明10％~40％的消费者在购买产品后会对其进行修改（个性化）以满足自己特定的需要[2]。因此让用户介入到产品设计和生产环节（参与式设计）有着巨大的商业价值。其附加价值包括：更好的适用性[3]、成就感[4]、唯一性[5]、个人身份的自我表达[6]、回忆的载体。而在实践中，MC通常指一类运用信息技术的系统，具有优化的组织结构和灵活的流程框架，为满足个体用户特定需求而提供相对广泛的一系列产品与服务供用户选择[7]。

研究依托的"grassroots ideation"（草根创意）设计项目是由NOKIA中国研究院资助的研究项目，目标是探索在移动互联网UGC（用户生成内容）快速发展的背景下，企业如何培养和引导用户创新为企业创造价值。在经过一系列用户调研后发现产品定制是用户参与企业创新的重要途径之一。因此，项目决定借助网络技术针对大规模定制开发一系列概念手机产品，并构建在线的概念手机交互定制平台，探索大规模定制在消费类电子产品中的运行之道。

大规模定制对生产灵活性和成本控制的要求使原本作为终端的网络平台与产品定制全生命周期紧密联系起来；同时最终产品的不确定性和复杂性也对平台的交互提出了特殊要求。在高度集成的手机行业，产品的硬件与软件关系密切，具有同等的设计

① Da Silveira G, Borenstein D, Fogliatto F S. Mass customization: Literature review and research directions[J]. International journal of production economics, 2001, 72（1）: 1-13.
② von Hippel E. Application: Toolkits for user innovation and custom design[J]. Democratizing innovation, 2005: 147-164.
③ Tseng M M, Piller F T. The Customer Centric Enterprise: Advances in Mass Customization and Personalization. [J]. 2003.
④ Noble C H, Kumar M. Using product design strategically to create deeper consumer connections[J]. Business Horizons, 2008, 51（5）: 441-450.
⑤ Risdiyono R, Koomsap P. A study of design by customers: areas of application[M]// Global Perspective for Competitive Enterprise, Economy and Ecology. Springer London, 2009: 445-453.
⑥ Rooke P, Ouadi K. Customer-centricity, luxury, and personalization[C] Proceedings of panel talk in mass customization and personalization conference（MCPC2009）, Helsinki, Finland. 2009.
⑦ Joneja A, Lee N K S. Automated configuration of parametric feeding tools for mass customization[J]. Computers & industrial engineering, 1998, 35（3）: 463-466.

地位，同时外观与组件配置也高度相关，由于定制的自由度，使得传统门店与人工的销售媒介很难将产品定制的全貌展示给用户，且定制过程费时费力。而网络平台的虚拟环境与交互性非常适合定制产品的用户参与、产品展示和在线销售，同时由于生产方式的变化，网络定制平台也不再是单纯的售卖产品，而是更前端、更深入、更频繁地介入到产品设计、生产、配置的各个环节，其特殊性表现在：

（1）产品定制销售先于生产配置；

（2）产品信息碎片化；

（3）销售与资源管理同步。

由于定制产品无法预知，导致生产和销售信息碎片化，生产管理也越发困难，为了控制定制带来的成本上升，网络定制平台的组织表现为产品配置（设计）与统计销售同步进行的零库存形态。同时产品的不可预知性使得定制"深度"对平台的交互有重要影响，而信息碎片化问题也需要通过定制深度的控制来调和。所谓"定制深度"是指用户在产品价值链中参与的程度。西尔韦拉（Silveira）等人将定制分为一般化的8个层级[①]，MC的理念是一种基于成本和需求平衡的定制理念，因此产品定制程度只涉及8个层级中的某几个层级，通常以提供一定数量的独立组件以供选择，依据用户的自由搭配来配置产品。这种方式依赖于对产品可定制范围的仔细界定，以及用户如何在可定制范围内进行选择搭配。在项目中，定制产品依据功能组合被分为若干类别，并与生产配置成本和价格相匹配。每个类别下，根据功能特点提供不同的定制选项。通过分类降低了生产管理的成本，也减少了用户定制过程的复杂度，使用户更专注于产品本身。可见，产品定制的深度是平衡个性需求与生产成本的决定性要素。

6.3.2 定制产品的特殊性

由于定制的特殊性，产品展示在定制过程中尤为重要。一方面最终产品需要用户通过系统配置（设计）完成，因此系统需要良好的展示环境让用户明确当前定制产品的外观效果；另一方面，由于用户无法在购买之前体验到真实产品的质感，所以平台需要一个极佳的产品展示效果来帮助消费者进行购买前的决策。因此，研究采用网络3D技术来表现定制产品。

3D技术可以有效地展示产品效果，但由于是定制产品，即使通过产品分类与预设组件有效限制了定制组合的可能性，其配置组合的可能结果仍然数目巨大（3大类产品可能的定制数一共约479001609种）。若依照传统3D建模渲染的方式处理，系统的模

① Da Silveira G, Borenstein D, Fogliatto F S. Mass customization: Literature review and research directions[J]. International journal of production economics, 2001, 72 (1): 1-13.

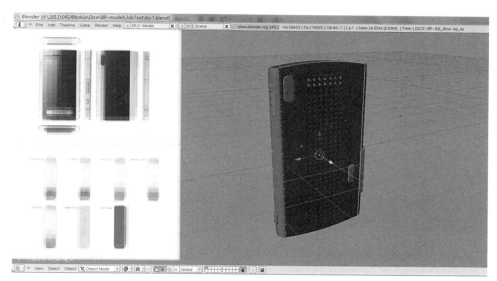

图6-19　精简模型及贴图

型库会极其庞大，不利于维护和未来的扩展，同时调取模型和渲染所需要的系统资源
与网络带宽也是网络环境下难以承受的。研究提出了"网格精简模型及贴图"的方法，
对产品模型按照实际产品定制的组合规则进行拆解，再在定制流程中实时调用相关部
件进行组合，以真正完成虚拟环境下的产品配置。同时为了减少系统与网络资源需求，
所有模型分面经过优化精简，材质贴图也加入光影效果重新制作，以减少系统实时渲
染的时间。最终平台采用PaperVision3D技术作为系统的3D环境，对3大类产品进行
重新建模与贴图制作，一共完成模型96个，贴图192个，极大地减少了制作成本。部
分模型与贴图如图6-19所示。出于商业机密的缘故，这部分涉及产品的图片都做了特
殊处理。

6.3.3　定制平台的交互流程

　　定制平台采取的是组合与定制匹配模式[①]，定制过程采取线性流程以减少用户的学
习成本，同时控制定制深度以保证用户专注于产品本身，而不用考虑复杂的系统操作。
定制流程如图6-20所示，定制过程中修改或重新定制具有很高的操作成本，不仅耗费
系统资源，而且影响用户体验，不利于定制与购买决策的便利性。系统采用实时计价、
"购物篮"和所见即所得的方式来强化用户决策辅助。展示模型会响应用户每一步定

① Risdiyono. Multi CIDP: a New Strategy for Customer Satisfaction Optimization. 5th
International Congress of International Association of Societies of Design Research.
Tokyo, 2013, 4807–4817.

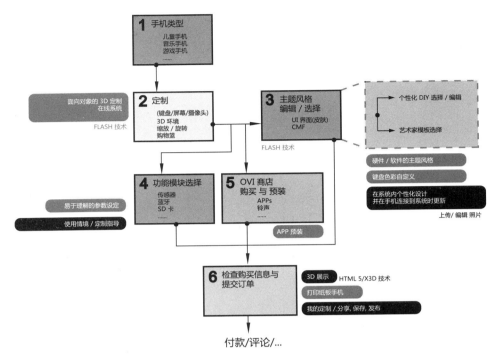

图6-20　定制平台交互流程

制操作，实时显示当前定制产品的3D效果，给出当前定制状态的价格；置顶的"购物篮"中记录了定制的所有内容并能实时删减。实时计价与购物篮的概念看似简单但却是影响全局的设定，因为交互流程中的产品信息裂化为零部件的信息，某一定制环节的需求变化，会影响整体产品的定制响应，因此只有对产品体系和生产配置有精确的把控，才能将成本与定价拆分到定制的每个环节，协调产品的生产与配置，使定制销售与资源管理同步。

6.3.4　定制平台的交互设计

兼容触控交互是因为传统手机销售门店有着极大的产品交互与展示需求。大规模定制不仅是市场竞争的需要，同时也作为一种新兴的消费方式与个性化表达应用于不同产品的开发销售中，特别是在流行的体验店中，触控交互无疑能拉近产品与用户的距离，提升产品定制过程的用户体验。这一特点使定制平台更加强调实时反馈，其设计考量有以下几个方面：

（1）按键大小的把握；

（2）界面布局的策略；

（3）实时反馈的控制；

（4）误操作的规避。

项目中，目标交互设备为一台改装的34寸触控液晶屏（分辨率1920dpi×1080dpi），传统的界面尺寸经验数据无法参考，研究采用实验方式直接测试按键效果。在密集开发阶段，每天下午3点会提供一版可交互的demo，由产品经理和相关高层人员直接在设备上测试，反馈结果在当天提交给开发人员，第2天再提交修改后的demo供测试，如此迭代直到获得满意结果。测试最终结果如表6-3所示。

按键尺寸　　　　　　　　　　　　　　　　　　表6-3

按钮类型	导航键	主操作键	副操作键
尺寸大小（pix）	249×115	169×46	131×131
间距（pix）	61	——	20

考虑到人机尺寸，实际操作区域较设备尺寸要小很多，在界面设计上，将产生交互的区域控制在一个较小的中心区域中，同时整个平台不允许滚屏。用户是在站立状态下在视平线等高的一个小范围内用手指操作，因此界面的总体布局为纵向三栏式以适应手的操作范围。从上到下依次为导航区、展示/操作区和列表／结果区。在展示/操作区中依据通常的右手便利，将展示部分安排在区域的左边，操作内容放在区域右边。各区采取横向布局以适应宽屏的总体框架，也打破总体纵向布局的沉闷，避免用户有滚屏操作的错觉。界面布局如图6-21所示。

由于触控交互缺乏鼠标指针的线索指引作用，无法事前提示操作结果，用户容易

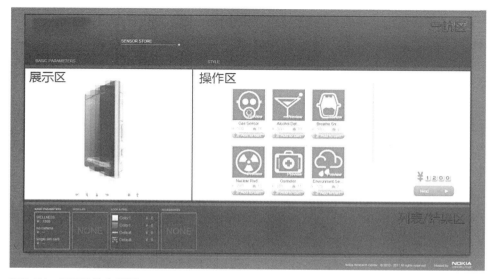

图6-21　界面总体布局图

图6-22 界面设计效果图（出于产品保密性要求，图片做了特殊处理）

产生误操作或是不知道交互进展的情况，因此实时的交互反馈对于触控交互变得非常重要。系统采用大量简洁的指示性图式，并以交互动画的方式响应用户的每一步操作，同时又不过度增加系统负担。依赖于3D交互技术和对产品模型对象的优化，在每一步定制操作后，产品展示区能实时更新产品3D效果，达到实时反馈的目的。

触控交互容易导致误操作。面对新事物，人们总有哪都想点的欲望，有一种交互测试叫作Monkey Touch Test针对的就是这种情况。测试人员会在试验设备上像猴子一样无规律、任意频率地点击界面上的任何位置来检测系统的稳定性。这种测试帮助排除和修正了很多系统使用上的bug，同时也总结出一些界面设计上规避误操作的设计方法：

（1）只在必要的时候显示操作按钮；

（2）通过一致的交互行为培养用户操作习惯；

（3）同类按钮始终处于相同位置且拥有一致外观；

（4）通过颜色提示或隐藏操作。

如图6-22所示，展示了部分界面设计效果图。

6.3.5 小结

大规模定制是生产力发展的自然结果，也是应对产业价值调整的一种有效方式。其生产和销售模式发生了深刻的变化，产品的价值被分散到定制的各个环节并通过虚拟配置而整合实现。因此系统的设计不仅影响到用户体验和产品认知，还进一步向前端扩展，影响到产品的生产与成本控制，成为大规模定制中极为重要的一环。研究将设计复杂性引入到系统开发之中，通过价值选择的思路，来重组设计流程与设计对象，将设计的创新问题，转化为对设计可能性的挖掘与选择，实现了网络环境下虚拟定制的产品3D表现技术，并通过交互设计尝试优化整合产品的生产与销售，是要利用设计复杂性所产生的多样性与可能性，来满足不断增长的设计需求，从而解决设计复杂性问题。系统的设计为行业相关研究与实践提供了借鉴经验。

本章论点小结

　　本章内容是前文研究理论成果的实践应用，目标是通过造型设计逻辑深度模型的具体应用，指出产品造型设计辅助的创新计算方法。应用内容主要针对两个设计领域的现实问题：一是传统计算机设计辅助系统将造型开发流程割裂开来，只针对设计对象提供设计工具，而没有面向设计角色与设计流程提供设计辅助支撑；二是新技术以及设计创新的发展不断冲击着产品造型的传统开发流程，产生了许多新的开发模式与商业形态，这些新的形态模式急需计算机设计辅助的支持。

　　针对上述两个实践问题，本章首先从设计对象和设计过程两方面分析了创新计算的内容，提出了将造型设计逻辑深度模型应用于设计辅助的创新计算方法。在第一个针对概念设计阶段的辅助系统应用中，给出了针对汽车造型设计的造型原型生成方法，并在系统设计上采用VTG的模型结构对设计对象和设计流程进行了重组，将现实设计过程中的设计迭代很好地反映到系统流程之中，并通过造型原型的模型数据结构对各个设计阶段提供灵活的设计辅助支撑，是从面向对象的角度，采取语义驱动的方式，来实现从经验知识到造型实体之间的转变，以达到造型理解和设计驱动的目的，从而激发出设计的多样性与创造性，促进解决设计的复杂性问题。

　　另一个设计辅助系统的开发主要面对的是产业模式创新导致的产品设计开发与商业模式变化的问题。大规模定制是企业应对产业价值调整的一种有效方式，其在产品设计、生产物流、展示销售等方面都产生了巨大的变化。因此设计辅助需要在上述方面对产品设计活动进行分析与重构，这包括产品对象的分析、设计角色的分析、生产与销售流程的管理、产品展示以及决策辅助等等方面的问题。针对这些问题，研究将造型逻辑深度模型应用于大规模定制的产品对象分析，并在交互硬件、展示技术、产品拆分、交互流程各方面都进行了大胆地创新尝试，实现了大规模定制的产品设计平台，是从面向过程的角度，通过大规模定制的价值选择方式，来解决特殊的设计复杂性问题，为新的产业模式下，设计辅助系统的开发提供了有价值的参考。

　　两个系统的开发有着很大的不同，但本质上它们都是在探讨设计对象与设计过程的复杂性问题，前者主要通过设计对象的创新技术手段重新定义了概念设计的开发模式；而后者则主要是通过引入新的技术和重组设计流程来应对产业模式创新对传统产品开发带来的挑战，两者分别从设计对象和设计过程方面给出了造型设计复杂性的系统求解方法，也从价值判断与价值选择两方面，回答了设计复杂性的价值与创新问题。两个系统从主流和未来趋势两个方面探讨了CAD发展的方向，给出了创新设计计算的方法。

第 7 章

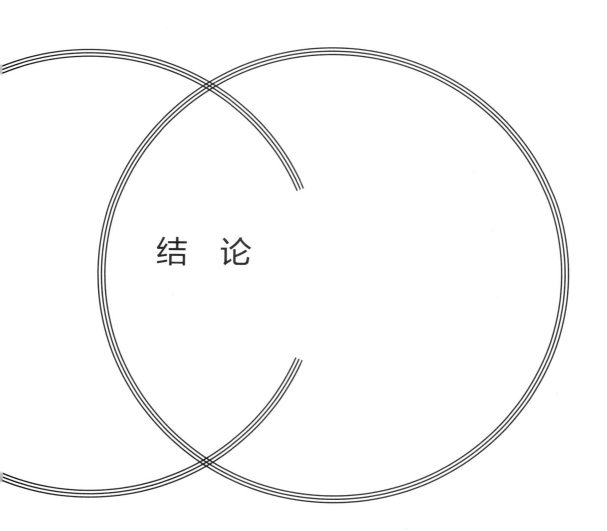

结　论

  在美国众多的诺贝尔奖得主中，能够在业界内外都家喻户晓，并为人津津乐道的，当属1965年因量子电动力学成就而获得该年诺贝尔物理学奖的费曼。他同时也是一位极为出色的教师，在阐述物理学现象的本质和规律时，他总是能用口语化的表达方式，让概念通俗易懂。然而，有一次费曼曾打算给大一的学生开一次讲座来解释量子力学中的费米——狄拉克统计，最终他放弃了这个打算，原因是他没有办法把它简化到大学一年级的水平，费曼反思道："这意味着实际上我们并不理解它。"[①]

  费曼当然了解量子力学，而他所说的"不理解"是指没有在会心会意的层面上（at a soulful level）真正弄懂量子力学，所以无法运用简单直接的自然语言去解释它。哲学上对于费曼这个说法的解释是"自然理解才是本然的，因此也是最深厚的理解。"[②]为什么"理解"必须植根于自然语言呢？在哲学家陈嘉映看来，这种对自然理解的追求来源于古代哲学与科学的连续统一，可以用"哲学——科学"称谓之，"古代哲学——科学之寻求真理，是在寻求一个可以被理解的世界。"这种对"可理解"的诉求，要求用统一的眼光对枝蔓丛生、芜杂不齐的历史和世界进行裁剪，使之成为一个完整的故事，只有"完整的故事才有明确的意义；或不如说，意义赋予完整性"。因此，古希腊的哲学——科学不是一门特殊理论，而是一种具体的生活方式，个体的人可以据此安度一生并且意蕴充沛。

  然而古希腊的哲学——科学之所以区别于神话传说与宗教，在于它除了对世界作出整体解释，还要求探求隐藏在现象背后的本质结构，而这就暴露出自然语言的短板，自然语言的表述只有在生活之流中才有意义，世界本质结构的表述必然会"因为（自然）语言的限制而受到歪曲"。因此，古希腊人选择用数学语言去重新定义各种基本概念。数学作为通用的语言使人类可以构建普适理论，然而数学的普遍性来自量的外在性，这种外在性保证了长程推理的有效性，但却是以丧失直观和感性为代价的，从此科学世界与常识世界渐行渐远。哲学家们不无感慨地说，"数学的确建立了某种普遍

---

① 周濂. 你永远都无法叫醒一个装睡的人. 北京：中国人民大学出版社，2012，04（1），172.

② 陈嘉映. 哲学、科学、常识. 北京：东方出版社，2007，02（1），196-212.

的联系，然而它破坏了另一种统一的联系"。以"空间"概念为例，曾经是上尊下卑，天、地、人、神各归其位的宇宙，在牛顿这里被抹平为"均匀的、无限的"空间概念，天上人间不再具有本体论的差别，"一个我们生活、相爱并且消亡在其中的质的可感世界'被替换成了'一个量的、几何实体化了的世界"。在诸神隐退的科学世界里，曾经扎实牢靠的日常直接经验如水银泻地般四处散落，再也无法拾掇为一个整体。"意义赋予整体性"，反之，整体性的丧失也意味着意义的丧失。现实生活中的人们，面对的是一个可理解的世界，但脱离了直接经验与感性认识的"无意义"的世界却"不可信"。

陈嘉映把基于数学语言的理解称为"技术性理解"，它是就事物之可测量的维度加以述说的，有助于对自然界的精确结构和机制的理解，但它并不能取代常识的理解，因为它"触及不到很多日常事实"；而自然语言虽然只能进行短程推理，但却始终坐落在生活形式之中，天生就具有直接性，是对周围事物的"领会"与"感悟"，包含着心领神会的洞察、直觉的同情以及历史的移情。所以科学家海森堡也说："任何理解最终必须根据自然语言。"

哲学——科学的断裂，可以说是科学技术发展的必然结果，又是牺牲者，只是这样的牺牲背后关系的却是人们的日常生活甚至精神信仰，因此，在科学无往不利、大行其道的今天，无怪乎有一批哲学家和学者在认真思考并试图给哲学和自然理解奠定一个确切的逻辑地位，为人类留存住"意义的世界"和"存在的家"。而造型设计作为一个人文与科学交叉的研究领域，正应该担负起这样的责任。

本书正是在这样的哲学与科学思辨的背景下，来思考和研究造型设计的复杂性本质，及其与人的审美倾向甚至价值判断的关系问题，并期望在系统层面对造型设计的创新计算给出解答。造型设计是人类情感和科技水平的集中体现，对其复杂性的探究正是把握其价值规律，以及辅助设计的重点。本书从哲学与科学的双重视角入手，试图探究造型设计的复杂性本质，并在其中发掘设计的逻辑结构与价值判断的基础；然后通过科学的认知实验探察人对于造型设计的认知与感受，以明确造型设计复杂性的来源，及其与设计表达的关系问题；在结合了两个视角的研究观点之后，本书提出了造型设计逻辑深度的理论概念，在这之上探讨了造型设计的价值判断，及其可信评价的方法，并给出了造型设计经验知识与形面表达的一体化数据模型；最终将研究成果应用到两个独立的设计系统上，尝试用复杂性的思想探索设计创新问题，并探讨智能化、信息化的今天，计算机辅助造型设计的发展方向和创新计算的相关问题。以下将从研究方法、理论成果和研究应用等方面来总结研究工作的创新点，以及谈谈对造型设计的反思。

本书在研究方法上的新探索：

（1）区别于传统造型设计研究以案例为主、自下而上的研究思路，本书的研究基于实验室研究方向的长年积累，从研究之初对设计对象就具有一种自上而下的，出于

"经验本能"的结构把握，并且明确了设计活动中的问题求解与设计驱动等概念。研究的关注点在于将设计活动认定为一个可以分析的复杂问题，而其价值就蕴含于设计本身的复杂性之中，这种复杂性是设计对象本身的要求，又与人的认知逻辑有着密不可分的联系，因此研究要从科学和哲学的双重视角来审视造型设计对象及活动的本质与意义，试图在科学层面上立足于设计对象的逻辑结构与本质属性，以探讨哲学层面上的设计内容与设计价值问题，并且在实践层面上，尝试以"计算"的方式来还原与探求，在传统设计研究中被认为是"自然的"，甚至是"神秘的"设计创新，这本身就是设计研究的一个极大挑战与创新。坦诚地说，研究充满了野心，其中的论据和观点还有一些亟待深入研究与探讨的地方，但无疑这种视角下所产生的设计思考与研究结果，对于理性地理解设计并且凝聚与提升感性地设计判断是具有重大价值的。

（2）除了用到"案例分析"与"问卷调研"的方法外，本书在主要论点（如造型设计的逻辑本质、属性与结构等）的论证中也采用了一些设计实验研究。每个实验都经过仔细设计，以尽量客观和直接地反映造型设计实践中的设计价值，并通过对实验结果的科学分析来梳理和把握设计的经验知识。由于设计研究本身是有别于纯粹科学和纯粹艺术研究的一个交叉研究领域，设计实验研究多为定性研究，相较于其他学科的实验研究，在样本数量与统计方法上仍然有着很大的差距，但实验研究方法的引入并结合案例与文献的分析研究还是大大提升了研究的客观性和可靠性。

值得指出的是，造型设计作为理性与感性交织的学科，在研究方法上偏重科学的实验研究或是人文经验研究的任何一方都是不可取的。正如本章开头提到的基于数学语言的理解是"技术性理解"，它脱离了对事物的直接经验与感性认识，破坏了事物与周围环境的整体性以及由此而赋予的现实意义；而只看重感性认识与意义的经验研究也不是完整的，它只能停留在事物解释的层面，而不能深入推导获得对事物本质结构的把握。如前文所述，"任何理解最终必须根据自然语言"，其前提应该是在科学理解的基础上，将这种知识融入现实生活的自然理解之中，以找到各个事物在生活中的位置，保留住"意义的世界"和"存在的家"是设计研究所要肩负起的责任。

本书研究的理论成果与创新主要有四个方面：

（1）提出了造型（语义）空间的概念。造型（语义）空间（以下简称造型空间）的概念是一个设计实践中普遍使用，但含义与用法并不明晰的设计概念。从奥斯古德（Osgood）的语义差异法到用语义量尺构建的意象尺度图，不同学者都在试图使用语义的工具来对造型认知的感受量进行标注，以明确造型设计的定位与方向。由于设计对象本身的复杂以及认知感受的模糊性，在面对不同设计问题时，对于造型空间这一操作概念会存在着不同的定义与解读，其本身并没有形成一个统一的定义，也没有如此做的必要。然而从一维的语义差异再到二维的意象尺度图的发展过程中，一个关键点却被忽视或者说误解了，本书通过实验研究发现造型设计对形态美的追求（本书称之为造型对象的美学属性）并不是一个线性的、低维度空间问题，而是构成了一个多维度、非线性的网状空间，并且同种属性在这个空间中的表现存在着多向性、差异化发展的特点。这一发现从根本上丰富和细化了对于造型空间的认识，其本质上是对造型设计多样性的还原，具有重要的理论和实践意义。因此，本书提出了以美学属性为基础的造型空间概念，主要针对的是在计算机系统环境下对造型设计语义驱动的概念表达问题，是研究的重要创新点之一。

（2）造型设计的逻辑结构是本书研究的另一个重要成果。造型设计一直是经验知识占主导的领域，造型知识被认为是隐性知识，蕴含于形态之中，只可意会，不可言传。而从现代的复杂理论来看，造型设计问题是一个比较典型的复杂性问题。造型对象内在张力（工程技术与美学表达，市场需求与品牌基因等）的博弈使得产品对象如同一个有机的生命体一样，具有创生、发展和消亡的生命历程，而造型本身由于这些力量的共同作用而具有一种内在的逻辑结构，这种结构从复杂理论来看，包含着随机而感性的作用因素；但更多的是有序而理性的层面。本书主要在第4章中对造型的逻辑结构进行了详细的剖析，通过认知实验与访谈的方法深入研究了造型设计的逻辑结构，并结合计算机处理与造型表达的需求，提出了以特征线和形面为基础，以体量、造型手法与图式为逻辑结构的设计深度模型概念；在探讨了汽车造型设计领域的原型认知问题后，将设计深度的概念融入汽车造型设计开发流程，给出了以造型原型为核心的，造型设计概念辅助系统的结构框架。

逻辑结构的提出是一个大胆的构想，其主要针对的问题是计算机系统对于造型设计的知识辅助。有别于特征建模或参数化设计的思想，逻辑结构是根植于设计师在设计实践活动中积累起来的对造型的理解，同时它又是以计算机的处理模式为视角的，因此，逻辑结构既包含设计师的感性认知的经验知识，又符合计算机的问题表述模式和应用结构，使得对造型对象的"科学理解"回归到了人的直观领会与感悟的"自然理解"层面，是本书研究的创新成果之一。

（3）阐明了造型设计的价值判断及其可信的问题，给出了设计可信的计算机评价方法。当以科学的方法来看待感性的造型设计，所得到的理解便是哲学家所说的"技术性理解"，这样的理解脱离了自然理解的生活环境，使得对象所蕴含的意义（价值）不能直接被感悟到。因此，必须要问，依据逻辑结构来组织的设计实践它的创新意义和设计价值体现在哪里？这个问题本质上是造型设计认知解释的回归，也是造型设计所应该肩负的社会责任——造型设计的过程应该追求积极的价值意义，并将这种价值有效地传达给大众。相较于复杂性的量度来说，造型设计的价值判断是与人及其认知相关的概念，第5章围绕这一问题展开研究，提出设计的价值判断是基于可信的一种选择压力，包含设计行为可信与设计输出物可信两个方面，并针对前文提出的造型设计的逻辑结构，从设计的过程和对象两个层面详细分析了设计的可信问题。在设计过程上提出了以概念完整性（一致性）为核心价值，以工程可信、设计可信与品牌可信构成的可信保障机制；而设计对象的可信则分为对象表达可信与可信验证两部分。对象表达部分通过对逻辑结构VTG三个层面的剖析并结合造型对象的自然（语义）属性以及数字化表达方式形成了可信设计表达的一体化数据模型——造型原型。而设计对象的可信验证则主要通过认知评价实验得出了一个便于操作而又相对客观的设计对象可信的评价方法，最终结合设计过程与对象两方面的研究成果构建了一个设计系统可信的理论框架。

造型设计的可信问题，是设计的价值判断与价值选择的问题，本身也是一个上升到哲学层面的科学问题，但其本质又关系到设计研究的理论成果如何应用的实践问题，因此需要认真对待并给出解释，本书就这一问题的思考与研究立足于设计活动的实践经验，并努力尝试从科学的角度对人为事物的意义与可信进行分析，目的是为了得出一套相对客观与可靠的可信操作方法。由于时间和能力所限，其研究成果在深度和完整性上还存在着不足，但其过程与结果仍然是在这一科学问题上有创新价值的尝试。

（4）实现了基于逻辑深度框架的造型设计计算机辅助的创新。CAD要进入智能化辅助的时代，就必然要求造型设计领域内部研究出将造型设计的经验知识与形面表达统一结合起来的理论模型，并且软件系统的核心将越来越多的向系统使用者和设计开发流程倾斜，而不仅仅只是关注目标对象与数据结构。正是出于这样的思考，并且在国家973计划项目的支持下，研究课题组开发了基于逻辑深度框架的概念设计辅助系统。从复杂性的角度构筑设计辅助系统，即是要解决设计多样性与价值判断之间的矛盾，将来源于设计师长年累月的专业训练所获得的经验知识，通过辅助系统固化下来，并针对设计角色与设计流程的不同，为其提供相应的知识辅助。该系统能够受语义条件的驱动实现特征线与形面的统一变化，从而为快速的概念设计开发与频繁的设计迭代提供支持。在此基础上，针对设计可信问题，系统设计颠覆了传统的设计思路，将设计迭代引入系统流程，同时实现了灵活的模型数据结构以应对不同设计阶段的设计需求，并最终将设计迭代的过程信息以直观而条理的方式呈现给系统用户，作为可信评价与决策的支持。由于时间与资源的限制，系统的内容还有待充实，但其底层的技术模型和系统设计框架为未来智能化CAD系统的开发奠定了基础，具有重要的创新意义。

此外，由于市场与技术的快速变化，产品开发也在发生着深刻的变化，出现了许多新的模式与挑战。传统消费类电子厂商为寻求产品的创新突破，越来越多地借助互联网的资源与大众的智慧来帮助企业实现产品创新，以满足市场多元化的个性需求。因此，在NOKIA中国研究院的支持下，针对产业模式创新下的产品设计需求，开发了基于网络的大规模定制平台。其本质是通过大规模定制来重组设计流程与设计对象，将对设计的创新问题，转化为对设计可能性的挖掘与选择，以价值选择的方式来应对设计复杂性问题。在定制的背景下，设计辅助的对象与内容都发生了巨大的变化，消费者前移到了设计开发环节具有了一定的选择自由，同时消费决策也大大提前，导致定制过程要更多地向生产管理与产品营销倾斜，这些都成为系统设计时的重点，研究针对这些问题在数据模型和系统流程上都进行了大量的工作，最终完成了大规模定制的网络平台设计。尽管产业模式创新是特殊情况，但却是未来发展的一种趋势，相较于传统设计研究，其在设计对象和设计过程上都具有同等重要的研究价值。

综上，两个系统的开发有着很大的不同，但本质上它们都是在探讨设计对象与设计过程的问题，前者主要通过设计对象的创新技术手段重新定义了概念设计的开发模式；而后者主要是通过引入新的技术和重组设计流程来应对产业模式创新对传统产品开发带来的挑战，两者分别从设计对象和设计过程方面给出了造型设计复杂性的系统求解方法，也从价值判断与价值选择两方面，回答了设计复杂性的价值与创新问题。两个系统从主流和未来趋势两个方面探讨了CAD发展的方向，给出了解决方案，具有重要的设计研究价值，是本书一个重要的创新点。

对于造型设计的反思：

在完成了理性与感性交织的造型设计研究历程之后，再来看待开篇提出的问题——设计是复杂的吗？其实发现答案并不在于"是"或"否"，在通过感性的认知评判与理性的科学分析之后，很难再给出一个简单而满意的回答。这是因为我们比之前要更加清楚地明白设计背后究竟藏了些什么；而同时我们也发现了更多所不知道的东西。著名的哲学家维特根斯坦有一句名言："巧妙地隐藏着的东西往往是很难找到的。"设计似乎正是如此，设计的巧妙在于它藏着而不让你找到，这是设计师的把戏；而设计给予用户的价值在于，你发现了隐藏手法的巧妙。这也正如信息的价值在于"其中所谓潜藏的冗余，即可预测但同时具有一定难度的部分……接收方在原则上自己能弄明白，只是需要耗费相当的金钱、时间或计算"。因此，从这个意义上来说，设计是逻辑的游戏，极度简单或是毫无规律的设计，都是不具价值的，而在这两者之间，才是设计的道。

参考文献

[1]   唐纳德·A·舍恩. 夏林清译. 反映的实践者：专业工作者如何在行动中思考. 北京：教育科学出版社，2007.

[2]   Pagels, H., The Dreams of Reason. New York: Simon & Schuster, 1988.

[3]   Lloyd S. Measures of complexity: a nonexhaustive list[J]. IEEE Control Systems Magazine, 2001.

[4]   Lorenz E N. Deterministic nonperiodic flow[J]. Journal of the atmospheric sciences, 1963.

[5]   Hölldobler B. The ants[M]. Harvard University Press, 1990.

[6]   Pines D. Emerging syntheses in science. Reading, MA: Addison-Wesley, 1988.

[7]   约翰·霍兰. 陈禹译. 涌现：从混沌到有序[M]. 上海：上海科学技术出版社，2001.

[8]   Murray Gell-Mann. Let's Call it Plectics[J]. Complexity, 1995, 1（5）：96.

[9]   梅拉妮·米歇尔.唐璐译. 复杂. 长沙：湖南科学技术出版社，2011.

[10] 刘劲杨. 复杂性是什么?——复杂性的词源学考量及其哲学追问[J]. 科学技术与辩证法，2006.

[11] 吴彤. 复杂性、科学与后现代思潮[J]. 内蒙古大学学报，2003.

[12] Rescher N. Complexity: A philosophical overview[M]. Transaction Publishers, 1998.

[13] 吴鹏森，房列曙. 人文社会科学基础[M]. 上海：上海人民出版社，2000.

[14] Cilliers P. Complexity and postmodernism: Understanding complex systems[M]. Psychology Press, 1998.

[15] 苗东升. 分形与复杂性[J]. 系统辩证学学报，2003.

[16] Murray Gell-Mann. What is complexity? from John Wiley and Sons, Inc.: Complexity, 1995.

[17] Wolfram, S., A New Kind of Science. Champaign, IL, Wolfram Media, 2002.

[18] Cook, M., Universality in elementary cellular automata. Complex Systems, 2004.

[19] Dorothy L. Sayers, The Mind of the Maker. New York: HarperCollins press, 1987.

[20] Luck R. 'Does this compromise your design?'Interactionally producing a design concept in talk[J]. CoDesign, 2009.

[21] 森典彦. "デザインの工学的方法." 設計工学 33.6 ,1998.

[22] Cross N. Design cognition: results from protocol and other empirical studies of design activity[M] // Eastman E, McCracken M, Newstetter W. Design knowing and learning: cognition in design education. Amsterdam: Elsevier, 2001, 79-103.

[23] Cross N. Editorial: forty years of design research [J]. Design Studies, 2007.

[24] Gardner H. The mind's new science: a history of the cognitive revolution [M]. New York: Basic Books, 1985.

[25] Jones J C. A method of systematic design[C]. Jones J C, Thornley D G. Conference on Design Methods. Oxford: Pergamon Press, 1963.

[26] Archer B. An overview of the structure of the design process[M]. Moore G T. Emerging methods in environmental design and planning. Cambridge, MA: MIT Press, 1970.

[27] Kruger C. Solution driven versus problem driven design: strategies and outcomes[J]. Design Studies, 2006.

[28] 谭浩, 赵江洪, 王巍. 基于案例的工业设计情境模型及其应用. 机械工程学报, 2006.

[29] Maher M L. A model of co-evolutionary design[J]. Engineering with Computers, 2000.

[30] Maher M L, Tang H H. Co-evolution as a computational and cognitive model of design[J]. Research in Engineering Design, 2003.

[31] Dorst K, Cross N. Creativity in the design process: co-evolution of problem and solution[J]. Design Studies, 2001.

[32] Cross N. Expertise in design: an overview[J]. Design Studies, 2004.

[33] 刘征, 孙守迁. 产品设计认知策略决定性因素及其在设计活动中的应用[J]. 中国机械工程, 2007.

[34] Baxter R J, Berente N. The process of embedding new information technology artifacts into innovative design practices[J]. Information and Organization, 2010.

[35] Berlekamp E R, Conway J H, Guy R K. Winning Ways for Your Mathematical Plays, Volume 4[J]. AMC, 2003.

[36] Rendell P. Turing universality of the game of life[M]. Collision-based computing. Springer London, 2002.

[37] 叶修梓，彭维，唐荣锡. 国际CAD产业的发展历史回顾与几点经验教训. 计算机辅助设计与图形学学报，2003.

[38] Vidal R，Mulet E. Thinking about computer systems to support design synthesis[J]. Communications of the ACM，2006.

[39] Marx J.A proposal for alternative methods for teaching digital design[J]. Automation in Construction，2000，9（1）：19-35.

[40] George F Luger. 人工智能书：复杂问题求解的结构与策略. 史忠植译. 第4版. 北京：机械工业出版社，2004.

[41] Schank R C. Dynamic Memory：A theory of reminding and learning in computers and people. Cambridge：Cambridge University Press，1982.

[42] Aamodt A，Plaza E. Case-based Reasoning：foundational Issues，methodological variations，and system approaches. AI Communications，1994.

[43] Meshkat L，Feather M S. Decision & risk based design structures；decision support needs for conceptual，concurrent design[C]. Systems，Man and Cybernetics，2005 IEEE International Conference on. IEEE，2005.

[44] Gero J S，Kannengiesser U. The situated function-behaviour-structure framework. Design Studies，2004.

[45] 谭浩. 基于案例的产品造型设计情境知识模型构建与应用. 长沙：湖南大学，2006.

[46] Kevin Kelly. Out of Control：The New Biology of Machines，Social Systems，& the Economic World. New York：Basic books，1995.

[47] Kanerva P. Sparse distributed memory and related models[M]. Research Institute for Advanced Computer Science，NASA Ames Research Center，1992.

[48] Archer B. A View of the Nature of Design Research. In：Jacques R，Powell J（eds）：Design,Science,Method. Guildford：Westbury House press，1981.

[49] Hacker W. Action Regulation Theory：A practical tool for the design of modern work processes? European Journal Of Work and Organizational Psychology，2003.

[50]   Locke, J., An Essay Concerning Human Understanding. P. H. Nidditch Edit. Oxford: Clarendon Press, 1690/1975.

[51]   Hofstadter, D. R., Ant fugue. Gödel, Escher, Bach: an Eternal Golden Braid. New York: Basic Books, 1979.

[52]   老子. 黄朴民译. 道德经. 长沙: 岳麓书社, 2011.

[53]   佐藤可士和. 常纯敏译. 佐藤可士和的超整理术. 南京: 江苏美术出版社, 2009.

[54]   赵丹华. 汽车造型的设计意图和认知解释: 湖南大学博士学位论文. 长沙: 湖南大学, 2013.

[55]   Vihma S. Products as representations. Helsinki: UIAH Helsinki press, 1995.

[56]   蔡仪. 蔡仪美学文选. 郑州: 河南文艺出版社, 2009.

[57]   李泽厚. 美的历程. 天津: 天津社会科学院出版社, 2001.

[58]   Petiot J F, Yannou B. Measuring consumer perception for a better comprehension, specification and assessment of product semantics. International Journal of Industrial Ergonomics, 2004.

[59]   Claude Elwood Shannon and Warren Weaver, The Mathematical Theory of Communication. Urbana: University of Illinois Press, 1949.

[60]   Eddington, A. E., The Nature of the Physical World. Macmillan. New York, 1928.

[61]   奈杰尔·克罗斯. 程文婷译. 设计思考: 设计师如何思考和工作. 济南: 山东画报出版社, 2013.

[62]   欧内斯特·内格尔, 詹姆士. 纽曼. 陈东威, 连永君译. 哥德尔证明. 北京: 中国人民大学出版社, 2008.

[63]   孙即祥. 现代模式识别. 北京: 高等教育出版社, 2008.

[64]   Stiny G. Introduction to shape and shape grammars[J]. Environment and planning B, 1980.

[65]   McCormack J P, Cagan J, Vogel C M. Speaking the Buick language: capturing, understanding, and exploring brand identity with shape grammars[J]. Design studies, 2004.

[66]   黄琦, 孙守迁. 产品风格计算研究进展[J]. 计算机辅助设计与图形学学报, 2006.

[67]   庄明振, 邓建国. 造形溯衍模式应用与产品造形开发之探讨[J]. 工业设计（台湾）, 1995.

[68] Kirsch J L, Kirsch R A. The anatomy of painting style: Description with computer rules[J]. Leonardo, 1988.

[69] Neisser U. Cognitive psychology[J]. New York: Appleton-Century-Crofts, 1967.

[70] 加洛蒂. 吴国宏译. 认知心理学（第三版）. 西安：陕西师范大学出版社，2005.

[71] Koflka K. Principles of Gestalt psychology[J]. New York: Harcourt Brace & Company, 1935.

[72] Tarr M. J. Visual pattern recognition. In A. E. Kazdin, (Ed.), Encyclopedia of psychology. Washington, DC: American Psychological Association, 2000.

[73] Quinn P C, Bhatt R S, Brush D, et al. Development of form similarity as a Gestalt grouping principle in infancy[J]. Psychological science, 2002.

[74] Feldman J. The role of objects in perceptual grouping[J]. Acta Psychologica, 1999.

[75] Pomerantz J R, Kubovy M. Perceptual organization: An overview[J]. Perceptual organization, 1981.

[76] 陈凌雁. 基于格式塔理论的汽车前脸造型研究. 长沙：湖南大学，2007.

[77] 鲁道夫·阿恩海姆. 滕守尧译. 视觉思维：审美直觉心理学. 成都：四川人民出版社，1998.

[78] 赵江洪，谭浩，谭征宇. 汽车造型设计：理论、研究与应用. 北京：北京理工大学出版社，2010.

[79] Fogel, D. B., Evolutionary Computation: The Fossil Record. New York: Wiley- IEEE Press, 1998.

[80] Neumann J, Burks A W. Theory of self-reproducing automata[J]. 1966.

[81] Williams S. Unnatural Selection-Machines using genetic algorithms are better than humans at designing other machines[J]. Technology Review-Palm Coast, 2005.

[82] Cross N. The nature and nurture of design ability[J]. Design Studies, 1990.

[83] 刘英. 遗传算法中适应度函数的研究[J]. 兰州工业高等专科学校学报，2006.

[84] 克罗齐. 朱光潜译. 美学原理. 北京：商务印书馆，2012.

[85] 赵江洪. 设计艺术的含义. 长沙：湖南大学出版社，2005.

[86] Chiara E. Catalano, Franca Giannini, Marina Monti, et al. Towards

an automatic semantic annotation of car aesthetics, Car Aesthetics Annotation, 2005.

[87] 朱毅. 汽车造型语义研究与设计流程构建. 长沙：湖南大学，2009.

[88] 奈杰尔·克罗斯. 任文永，陈实译. 设计师式认知. 武汉：华中科技大学出版社，2013.

[89] CE Osgood, GJ Suci, PH Tannenbaum. The measurement of meaning. University of Illinois Press, 1957.

[90] 朱慧，张宇东. 中国汽车造型本土化设计探究[J]. 包装工程，2008.

[91] Gerd Podehl, Universität Kaiserslautern. Terms and Measures for Styling Properties, International Design Conference, Dubrovnik, 2002.

[92] Luo Shi-jian, Fu Ye-tao, Pekka Korvenmaa. A preliminary study of perceptual matching for the evaluation of beverage bottle design. International Journal of Industrial Ergonomics, 2012.

[93] Sch ü tte, S. Integrating Kansei Engineering Methodology in Product Development. Linköping Studies in Science and Technology, Sweden, 2002, 61.

[94] Kalyanmoy Deb, Shubham Gupta, David Daum, J ü rgen Branke, et al. Reliability-based optimization using evolutionary algorithms. IEEE Transac- tions on evolutionary computation, 2009.

[95] 卡尔·古斯塔夫·荣格. 原型与集体无意识. 北京：国际文化出版公司，2011.

[96] 刘洋. 荣格原型理论的文化意蕴：黑龙江大学硕士学位论文. 哈尔滨：黑龙江大学，2009.

[97] Knight T W. Transformations in Design：A Formal Approach to Stylistic Change and Innovation in the Visual Arts. London：Cambridge University Press, 1994.

[98] Zhao Jianghong, Wu Chao. Internet-based computer aided industrial design. China Mechanical Engineering, 1999.

[99] 叶浩生. 西方心理学的历史与体系. 北京：人民教育出版社，1998.

[100] 刘世文，付飞亮. 文学艺术的本质：集体无意识和原型——论荣格的原型批评理论[J]. 重庆科技学院学报：社会科学版，2006.

[101] 兰盖克. 认知语法基础. 北京：北京大学出版社，2004.

[102] 王寅. 认知语言学. 上海：上海外语教育出版社，2007.

[103] Leibe B, Ettlin A, Schiele B. Learning semantic object parts for object categorization. Image and vision computing, 2008.

[104] 赵丹华. 汽车造型特征的知识获取与表征:湖南大学硕士学位论文. 长沙：湖南大学，2007.

[105] 李然，赵江洪，谭浩. SUV汽车造型原型获取与表征[J]. 包装工程，2013.

[106] Ahmad S, Chase S C. Style representation in design grammars. Environment and Planning B: Planning and Design, 2012.

[107] 赵丹华，何人可，谭浩. 汽车品牌造型风格的语义获取与表达[J]. 包装工程，2013.

[108] 许国志，顾基发，车宏安. 系统科学. 上海：上海科技教育出版社，2000.

[109] 昝廷全. 复杂系统的一般数学框架（Ⅰ）[J]. 应用数学和力学，1993.

[110] Milgram S. The small world problem[J]. Psychology today, 1967.

[111] Kleinfeld J. Could it be a big world after all? The six degrees of separation myth[J]. Society, April, 2002.

[112] Kleinfeld J S. Six degrees of separation: urban myth?[J]. Psychology Today, 2002.

[113] Watts D J, Strogatz S H. Collective dynamics of 'small-world'networks[J]. nature, 1998.

[114] Barabási A L, Albert R. Emergence of scaling in random networks[J]. science, 1999.

[115] Watts D J. The "new" science of networks[J]. Annual review of sociology, 2004.

[116] Watts D J. Six degrees: The science of a connected age[M]. WW Norton & Company, 2004.

[117] Mitchell, Melanie. Complex systems: Network thinking. Artificial Intelligence, 2006.

[118] Reynolds P. The oracle of bacon[J]. Retrieved Jan, 1999.

[119] 汪小帆，李翔，陈关荣. 复杂网络理论及其应用[M]. 清华大学出版社有限公司，2006.

[120] 梁峭，赵江洪. 汽车造型特征与特征面[J]. 装饰，2013.

[121] 邵志芳. 认知心理学：理论、实验和应用. 上海：上海教育出版社，2013.

[122] Chiu-Shui Chan. Can style be measured? Design Studies, 21（2000）.

[123] 张文泉. 辨物居方，明分使群——汽车造型品牌基因表征、遗传和变异：湖南大学博士学位论文. 长沙：湖南大学，2012.

[124] 黄琦. 基于产品风格认知模型的计算机辅助概念设计技术的研究：浙江大学博士学位论文. 杭州：浙江大学，2005.

[125] 廖伟. 造型面特征分析——计算机辅助工业设计（CAID）中特征造型技术研究：北京：北京理工大学，2001.

[126] Charles H. Bennett. "Logical Depth and Physical Complexity," in The Universal Turing Machine：A Half-Century Survey. Rolf Herken. Oxford：Oxford University Press, 1988.

[127] 詹姆斯·格雷克. 高博译. 信息简史. 北京：人民邮电出版社，2013.

[128] 李然. 汽车造型的原型范畴及拟合模型构建：湖南大学博士学位论文. 长沙：湖南大学，2014.

[129] Jean-Pierre Dupuy. The Mechanization of the Mind：On the Origins of Cognitive Science. trans. M. B. DeBevoise. Princeton, N. J.：Princeton University Press, 2000.

[130] Fred I. Dretske, Knowledge and the Flow of Information. Cambridge, Mass.：MIT Press, 1981.

[131] Jean-Pierre Dupuy. The Myths of Information：Technology and Postindustrial Culture. Madison, Wisc.：Coda Press, 1980.

[132] Dexter Palmer. The Dream of Perpetual Motion. New York：St. Martin's Press, 2010.

[133] May R M. The Theory of Chaotic Attractors[M]. Springer New York, 2004.

[134] Hofstadter D. R. Mathematical Chaos and Strange Attractors. Metamagical Themas. New York：Basic Books, 1985.

[135] Lloyd S. Measures of complexity: a nonexhaustive list[J]. IEEE Control Systems Magazine, 2001.

[136] McAllister J W. Effective complexity as a measure of information content[J]. Philosophy of Science, 2003.

[137] Simon H A. The architecture of complexity[M]. Springer US, 1991.

[138] McShea D W. The hierarchical structure of organisms: a scale and documenta- tion of a trend in the maximum[J], 2009.

[139] Tattersall I. Becoming Human：Evolution and Human Uniqueness. New York：Harvest Books, 1999.

[140] 凯文·凯利. 东西文库译. 失控. 北京：新星出版社，2010.

[141] Mattick J. S. RNA regulation：A new genetics? Nature Reviews：Genetics, 2004.

[142] 黑格尔著，贺麟译. 小逻辑. 北京：商务印书馆，1980.

[143] 吴卫. 器以象制象以圜生——明末中国传统升水器械设计思想研究：北京：清

华大学，2004.

[144] 弗雷德里克·布鲁克斯. 汪颖译. 人月神话. 北京：清华大学出版社，2007.

[145] D. Andrews, Principles of Project Evaluation, in: Langdon, R. and Gregory, S. (Ed.), Design Policy: Evaluation, The Design Council, London, 1984.

[146] 胡伟峰，赵江洪. 用户期望意象驱动的汽车造型基因进化[J]. 机械工程学报，2011.

[147] 何堃. 层次分析法标度研究[J]. 系统工程理论与实践，1997.

[148] Catalano C E, Giannini F, Monti M. A Framework for the Automatic Annotation of Car Aesthetics [J]. Artificial Intelligence for Engineering Design, Analysis & Manufacturing (S0890-0604), 2007.

[149] 严扬，刘志国，高华云. 汽车造型设计概论[M]. 北京：清华大学出版社，2005.

[150] Cai H, He W, Zhang D. A Semantic Style Driving Method for Products' Appearance Design [J]. Journal of Materials Processing Technology (S0924-0136), 2003.

[151] Bronsvoort W F, Jansen F W. Feature Modelling and Conversion-Key Concepts to Concurrent Engineering [J]. Computers in Industry (S0166-3615), 1993.

[152] Liu Y J, Lai K L, Dai G. A Semantic Feature Model in Concurrent Engineering [J]. IEEE Transactions on Automation Science and Engineering (S1545-5955), 2010.

[153] Giannini F, Monti M, Podehl G. Styling Properties and Features inComputer Aided Industrial Design [J]. Computer-Aided Design andApplications (S1686-4360), 2004.

[154] 谭浩，赵江洪，赵丹华. 汽车造型特征定量模型构建与应用[J]. 湖南大学学报（自然科学版），2009.

[155] Hsiao S W, Wang H P. Applying the Semantic TransformationMethod to Product Form Design [J]. Design Studies (S0142-694X), 1998.

[156] 李然，赵江洪，谭浩. SUV汽车造型原型获取与表征[J]. 包装工程，2013.

[157] Singh K, Fiume E. Wires: A Geometric Deformation Technique[C]. Proceedings of the 25th Annual Conference on ComputerGraphics and Interactive Techniques. USA: ACM, 1998.

[158] Da Silveira G, Borenstein D, Fogliatto F S. Mass customization: Literature review and research directions[J]. International journal of

production economics, 2001.

[159] von Hippel E. Application: Toolkits for user innovation and custom design[J]. Democratizing innovation, 2005.

[160] Tseng M M, Piller F T. The Customer Centric Enterprise: Advances in Mass Customization and Personalization[J], 2003.

[161] Noble C H, Kumar M. Using product design strategically to create deeper consumer connections[J]. Business Horizons, 2008.

[162] Risdiyono R, Koomsap P. A study of design by customers: areas of application[M]. Global Perspective for Competitive Enterprise, Economy and Ecology. Springer London, 2009.

[163] Rooke P, Ouadi K. Customer-centricity, luxury, and personalization[C]. Proceedings of panel talk in mass customization and personalization conference（MCPC2009）, Helsinki, Finland, 2009.

[164] Joneja A, Lee N K S. Automated configuration of parametric feeding tools for mass customization[J]. Computers & industrial engineering, 1998.

[165] Risdiyono. Multi CIDP: a New Strategy for Customer Satisfaction Optimization. 5th International Congress of International Association of Societies of Design Research. Tokyo, 2013.

[166] 周濂. 你永远都无法叫醒一个装睡的人. 北京: 中国人民大学出版社, 2012.

[167] 陈嘉映. 哲学、科学、常识. 北京: 东方出版社, 2007.